Otto Forster
Rüdiger Wessoly

Übungsbuch zur Analysis 1

vieweg studium
Grundkurs Mathematik

Berater:
Martin Aigner, Peter Gritzmann, Volker Mehrmann
und Gisbert Wüstholz

Lineare Algebra
von Gerd Fischer

Übungsbuch zur Linearen Algebra
von Hannes Stoppel und Birgit Griese

Analytische Geometrie
von Gerd Fischer

Analysis 1
von Otto Forster

Übungsbuch zur Analysis 1
von Otto Forster und Rüdiger Wessoly

Analysis 2
von Otto Forster

Übungsbuch zur Analysis 2
von Otto Forster und Thomas Szymczak

Numerische Mathematik für Anfänger
von Gerhard Opfer

vieweg

Otto Forster
Rüdiger Wessoly

Übungsbuch zur Analysis 1

Aufgaben und Lösungen

2., überarbeitete Auflage

Bibliografische Information Der Deutschen Bibliothek
Die Deutsche Bibliothek verzeichnet diese Publikation in der Deutschen Nationalbibliografie; detaillierte bibliografische Daten sind im Internet über
<http://dnb.ddb.de> abrufbar.

Prof. Dr. Otto Forster
Ludwig-Maximilians-Universität München
Mathematisches Institut
Theresienstraße 39
80333 München
forster@mathematik.uni-muenchen.de

1. Auflage 1995
3 Nachdrucke
2., überarbeitete Auflage April 2004

Der Vieweg Verlag ist ein Unternehmen von Springer Science+Business Media.
www.vieweg.de

Umschlaggestaltung: Ulrike Weigel, www.CorporateDesignGroup.de
Druck und buchbinderische Verarbeitung:
Lengericher Handelsdruckerei, Lengerich
Gedruckt auf säurefreiem und chlorfrei gebleichtem Papier
Printed in Germany

ISBN 3-528-17261-4

Vorwort

Seit dem Erscheinen meines Buches Analysis 1 sind wiederholt Anfragen gekommen, doch Lösungen zu den Übungsaufgaben herauszugeben. Ich stand dem immer skeptisch gegenüber. Das Lösen von Übungsaufgaben zu den Anfängervorlesungen ist ein unentbehrlicher Bestandteil des Mathematik–Studiums. Das Vorliegen von schriftlichen Lösungen verführt aber dazu, es selbst nicht hart genug zu versuchen und zu früh in den Lösungen nachzuschauen. Außerdem kann eine gedruckte Lösung nicht die Besprechung der Aufgaben in einer Übungsgruppe ersetzen, in der der Tutor (im allerdings nicht immer erreichten Idealfall) auf die verschiedenen Lösungsmöglichkeiten und die gemachten Fehler eingehen und bei Verständnisschwierigkeiten individuell helfen kann.

Andererseits ist der Bedarf an Übungsmaterial mit nachprüfbaren Lösungen für das Selbststudium (z.B. bei Prüfungsvorbereitungen) nicht von der Hand zu weisen. So wurde mit dem vorliegenden Aufgabenbuch ein Kompromiß versucht: Zu ausgewählten Aufgaben wurden Lösungen ausgearbeitet und es wurden auch neue Aufgaben hinzugefügt, so daß genügend viele ungelöste Aufgaben als Herausforderung für den Leser übrig bleiben.

Alle Aufgabentexte (einschließlich der aus dem Buch Analysis 1 übernommenen) sind im 1. Teil des Aufgabenbuches abgedruckt. Zu den mit Stern versehenen Aufgaben stehen Lösungen im 2. Teil, manchmal auch nur Hinweise oder bei Rechenaufgaben die Ergebnisse. In keinem Fall sind die angegebenen Lösungen als alleingültige Muster–Lösungen zu betrachten. Zu fast allen Aufgaben gibt es mehrere Lösungswege und es ist oft nur eine Frage des Geschmacks, welchen Weg man wählt. Auch sind sicherlich noch einige Lösungen mit mehr oder weniger schweren Fehlern (von Druckfehlern und Versehen bis zu logischen Fehlern) behaftet. Der Student mag sich damit trösten, daß nicht nur ihm, sondern auch dem Dozenten für manche Lösungen der Übungsaufgaben Punkte abgezogen würden.

Die Arbeit an diesem Buch habe ich zusammen mit meinem langjährigen Assistenten an den Universitäten Münster und München, Dr. Rüdiger Wessoly begonnen. Die gemeinsame Arbeit wurde auch nach seinem Ausscheiden aus der Universität, als er für eine von ihm selbst mitbegründete Software–Firma arbeitete, fortgesetzt. Noch vor der Fertigstellung des Manuskripts ist Herr Wessoly plötzlich und unerwartet verstorben. Seinem Andenken sei dieses Buch gewidmet.

Zu danken habe ich auch Herrn Thomas Szymczak (Dinslaken), der selbständig ein Lösungsbuch zur Analysis 2 erarbeitet hat und der sich bereit erklärt hat, das Manuskript zum vorliegenden Buch in LaTeX zu setzen und dabei manche Fehler und Unebenheiten aus dem Text eliminiert hat. Nicht zuletzt verdankt das Buch sein Erscheinen dem beharrlichen und unermüdlichen Einsatz von Frau U. Schmickler-Hirzebruch vom Vieweg-Verlag.

München, Februar 1995 *Otto Forster*

Vorwort zur 2. Auflage

Für die 2. Auflage dieses Übungsbuches habe ich die bekannt gewordenen Druckfehler korrigiert (vielen Dank den sorgfältigen Leserinnen und Lesern!) und eine Anpassung an die neueste Auflage des Buches Analysis 1 vorgenommen, das seit der 5. Auflage manche Änderungen erfahren hat. So sind einige frühere Übungsaufgaben jetzt in den Haupttext der Analysis 1 integriert. Dafür wurden in das Übungsbuch neue Aufgaben und Lösungen aufgenommen.

München, März 2004 *Otto Forster*

Inhaltsverzeichnis

II Lösungen 53

Teil I

Aufgaben

§ 1 Vollständige Induktion

Aufgabe 1 A*. Seien n, k natürliche Zahlen mit $n \geq k$. Man beweise

$$\binom{n+1}{k+1} = \sum_{m=k}^{n} \binom{m}{k}.$$

Aufgabe 1 B. Für eine reelle Zahl x und eine natürliche Zahl k werde definiert

$$\binom{x}{k} := \prod_{j=1}^{k} \frac{x-j+1}{j} = \frac{x(x-1)\cdot\ldots\cdot(x-k+1)}{k!},$$

also insbesondere

$$\binom{x}{0} = 1.$$

Man beweise für alle reellen Zahlen x und natürlichen Zahlen k

a) $\displaystyle\binom{x+1}{k+1} = \binom{x}{k+1} + \binom{x}{k}$,

b) $\displaystyle\binom{-x}{k} = (-1)^k \binom{x+k-1}{k}$,

c) $\displaystyle\binom{k+x}{2k+1} = -\binom{k-x}{2k+1}$.

Aufgabe 1 C*. Man beweise für alle reellen Zahlen x, y und alle $n \in \mathbb{N}$

$$\binom{x+y}{n} = \sum_{k=0}^{n} \binom{x}{n-k}\binom{y}{k}.$$

Aufgabe 1 D. Man beweise für alle reellen Zahlen x, y und alle $n \in \mathbb{N}$

$$\binom{x+y+n-1}{n} = \sum_{k=0}^{n} \binom{x+n-k-1}{n-k}\binom{y+k-1}{k}.$$

Aufgabe 1 E. Man zeige: Für alle $n \in \mathbb{N}$ gilt

$$\binom{2n}{n} = \sum_{k=0}^{n} \binom{n}{k}^2.$$

Aufgabe 1 F*. Man zeige für alle natürlichen Zahlen $n \geq 1$

$$\sum_{k=0}^{n} \binom{2n}{2k} = 2^{2n-1}.$$

Aufgabe 1 G. Man zeige für alle natürlichen Zahlen $n \geq 1$

$$\sum_{k=0}^{n} \binom{2n+1}{2k} = 2^{2n}.$$

Aufgabe 1 H. Man beweise: Eine n-elementige Menge ($n > 0$) besitzt ebenso viele Teilmengen mit einer geraden Zahl von Elementen wie Teilmengen mit einer ungeraden Zahl von Elementen.

Aufgabe 1 I*. Seien n und k natürliche Zahlen. Man beweise: Die Anzahl aller k–Tupel $(a_1, \ldots, a_k) \in \mathbb{N}^k$ mit

$$1 \leq a_1 \leq a_2 \leq \ldots \leq a_k \leq n$$

ist gleich $\binom{n+k-1}{k}$.

Aufgabe 1 J. Sei n eine natürliche Zahl. Wieviele Tripel $(k_1, k_2, k_3) \in \mathbb{N}^3$ gibt es, die

$$k_1 + k_2 + k_3 = n$$

erfüllen?

Aufgabe 1 K. Man beweise für alle $n \in \mathbb{N}$

$$\sum_{k=1}^{n} \frac{1}{k(k+1)} = 1 - \frac{1}{n+1}.$$

Aufgabe 1 L. Durch Probieren finde man Formeln für die folgenden beiden Ausdrücke und beweise anschließend das Ergebnis durch vollständige Induktion:

a) $\displaystyle\prod_{k=1}^{n} \left(1 + \frac{1}{k}\right)$,

b) $\prod_{n=2}^{N} \frac{n^2}{n^2-1}$, für alle $N \geq 2$.

Aufgabe 1 M. Man beweise für alle reellen Zahlen x und alle natürlichen Zahlen n

$$\prod_{k=0}^{n-1} \left(1 + x^{2^k}\right) = \sum_{m=0}^{2^n-1} x^m.$$

Aufgabe 1 N. Man beweise die folgenden Summenformeln:

a) $\sum_{k=1}^{n} k^2 = \frac{n(n+1)(2n+1)}{6}$,

b) $\sum_{k=1}^{n} k^3 = \frac{n^2(n+1)^2}{4}$.

Aufgabe 1 O*. Sei $r \in \mathbb{N}$. Man zeige: Es gibt rationale Zahlen $a_{r1}, \ldots, a_{rr}$, so dass für alle natürlichen Zahlen n gilt

$$\sum_{k=1}^{n} k^r = \frac{1}{r+1} n^{r+1} + a_{rr} n^r + \ldots + a_{r1} n.$$

Aufgabe 1 P*. Man zeige, dass nach dem Gregorianischen Kalender (d.h. Schaltjahr, wenn die Jahreszahl durch 4 teilbar ist, mit Ausnahme der Jahre, die durch 100 aber nicht durch 400 teilbar sind) der 13. eines Monats im langjährigen Durchschnitt häufiger auf einen Freitag fällt, als auf irgend einen anderen Wochentag. Hinweis: Der Geburtstag von Gauß, der 30. April 1777, war ein Mittwoch. (Diese Aufgabe ist weniger eine Übung zur vollständigen Induktion, als eine Übung im systematischen Abzählen.)

§ 2 Die Körperaxiome

Aufgabe 2 A*. Man zeige: Es gelten die folgenden Regeln für das Bruchrechnen ($a, b, c, d \in \mathbb{R}$, $b \neq 0$, $d \neq 0$):

a) $\frac{a}{b} = \frac{c}{d}$ gilt genau dann, wenn $ad = bc$ ist.

b) $\frac{a}{b} \pm \frac{c}{d} = \frac{ad \pm bc}{bd}$

c) $\frac{a}{b} \cdot \frac{c}{d} = \frac{ac}{bd}$

d) $\frac{\frac{a}{b}}{\frac{c}{d}} = \frac{ad}{bc}$, falls $c \neq 0$ ist.

Aufgabe 2 B*. Man beweise für reelle Zahlen $x_1, \ldots, x_n, y_1, \ldots, y_m$ das allgemeine Distributivgesetz

$$\left(\sum_{i=1}^{n} x_i\right)\left(\sum_{j=1}^{m} y_j\right) = \sum_{i=1}^{n}\sum_{j=1}^{m} x_i y_j.$$

Aufgabe 2 C*. Seien a_{ik} für $i, k \in \mathbb{N}$ reelle Zahlen. Man zeige für alle $n \in \mathbb{N}$

$$\sum_{k=0}^{n}\sum_{i=0}^{n-k} a_{ik} = \sum_{i=0}^{n}\sum_{k=0}^{n-i} a_{ik} = \sum_{m=0}^{n}\sum_{k=0}^{m} a_{m-k,k}.$$

Aufgabe 2 D. Es sei $n \in \mathbb{N}$ und für $i, k \in \{1, \ldots, n\}$ seien a_{ik} reelle Zahlen. Man setze

$$A_n := \sum_{i=1}^{n}\left(\sum_{k=1}^{i} a_{ik}\right).$$

a) Man schreibe die Doppelsumme A_n für die Fälle $n = 1, 2, 3, 4$ aus.

b) Man berechne A_n für die Fälle

i) $a_{ik} = 1$ für alle $i, k \in \{1, \ldots, n\}$,

ii) $a_{ik} = k$ für alle $i, k \in \{1, \ldots, n\}$,

iii) $a_{ik} = i$ für alle $i, k \in \{1, \ldots, n\}$,

iv) $a_{ik} = i + k$ für alle $i, k \in \{1, \ldots, n\}$,

v) $a_{ik} = ik$ für alle $i, k \in \{1, \ldots, n\}$.

Aufgabe 2 E*. Es seien a, b, c, d rationale Zahlen und x eine irrationale reelle Zahl, d.h. $x \in \mathbb{R} \setminus \mathbb{Q}$. Man beweise:

a) Ist $ad - bc \neq 0$, so ist auch $cx + d \neq 0$ und

$$y := \frac{ax+b}{cx+d}$$

ist eine irrationale Zahl.

b) Ist $ad - bc = 0$, so ist entweder $cx + d = 0$ oder

$$y := \frac{ax+b}{cx+d}$$

eine rationale Zahl.

Aufgabe 2 F*. Es sei

$$K := \{(a,b) \in \mathbb{R}^2 \ : \ a,b \in \mathbb{Q}\}.$$

In K werde folgende Addition und Multiplikation eingeführt:

$$\begin{cases} (a,b) + (a',b') & := & (a+a', b+b'), \\ (a,b) \cdot (a',b') & := & (aa' + 2bb', ab' + ba') \end{cases}$$

für alle (a,b), $(a',b') \in K$. Man zeige, dass dann $(K, +, \cdot)$ ein Körper ist.

Aufgabe 2 G. Man zeige, dass in dem in Aufgabe 2 F definierten Körper K die Gleichung

$$x^2 = 2$$

genau zwei Lösungen besitzt, die Gleichung

$$x^2 = 3$$

jedoch unlösbar ist.

Aufgabe 2 H. Es sei $M := \mathbb{N} \cup \{\infty\}$, wobei $\infty \notin \mathbb{N}$. Auf M führen wir zwei Verknüpfungen

$$\begin{cases} M \times M & \longrightarrow & M \\ (a,b) & \longmapsto & a+b \end{cases} \qquad \text{und} \qquad \begin{cases} M \times M & \longrightarrow & M \\ (a,b) & \longmapsto & a \cdot b \end{cases}$$

wie folgt ein:

(1) Für $a, b \in \mathbb{N}$ sei $a+b$ bzw. $a \cdot b$ die übliche Addition bzw. Multiplikation natürlicher Zahlen.

(2) Für $a \in M$ sei $a+\infty = \infty + a = \infty$.

(3) Für $a \in M \setminus \{0\}$ sei $a \cdot \infty = \infty \cdot a = \infty$.

(4) $0 \cdot \infty = \infty \cdot 0 = 0$.

Man zeige, dass diese Verknüpfungen auf M die Körperaxiome (I.1), (I.2), (I.3), (II.1), (II.2), (II.3) und (III), aber nicht (I.4) und (II.4) erfüllen.

§ 3 Anordnungsaxiome

Aufgabe 3 A*. Man zeige $n^2 \leq 2^n$ für jede natürliche Zahl $n \neq 3$.

Aufgabe 3 B. Man zeige $2^n < n!$ für jede natürliche Zahl $n \geq 4$.

Aufgabe 3 C*. Man beweise: Für jede natürliche Zahl $n \geq 1$ gelten die folgenden Aussagen:

a) $\binom{n}{k} \frac{1}{n^k} \leq \frac{1}{k!}$ für alle $k \in \mathbb{N}$,

b) $\left(1+\frac{1}{n}\right)^n \leq \sum_{k=0}^{n} \frac{1}{k!} < 3$,

c) $\left(\frac{n}{3}\right)^n \leq \frac{1}{3} n!$.

Aufgabe 3 D*. Man zeige: Für jede reelle Zahl $q > 0$ gilt

$$q + \frac{1}{q} \geq 2.$$

Das Gleichheitszeichen gilt genau dann, wenn $q = 1$ ist.

Aufgabe 3 E. Man stelle fest, welche der folgenden Implikationen über reelle Zahlen x, a, b allgemeingültig bzw. i.a. falsch sind. Man beweise die allgemeingültigen Aussagen und gebe für die übrigen Aussagen ein Gegenbeispiel an:

a) $|x-a| < b \Longrightarrow x > a-2b$,

b) $ab > 1$ und $a < 1 \Longrightarrow b > 1$,

c) $x(x-2a^2) > 0 \Longleftrightarrow |x-a^2| > a^2$.

Aufgabe 3 F. Man beweise die folgenden Aussagen:

a) Sind $a_1, \ldots, a_n$ positive reelle Zahlen, so gilt

$$\prod_{i=1}^{n}(1+a_i) \geq 1+\sum_{i=1}^{n} a_i.$$

b) Sind $a_1, \ldots, a_n$ reelle Zahlen mit $0 \leq a_i \leq 1$ für alle $i \in \{1, \ldots, n\}$, so gilt

$$\prod_{i=1}^{n}(1-a_i) \geq 1-\sum_{i=1}^{n} a_i.$$

Aufgabe 3 G. Es sei $0 < a \leq b$. Man zeige

$$a^2 \leq \left(\frac{2ab}{a+b}\right)^2 \leq ab \leq \left(\frac{a+b}{2}\right)^2 \leq b^2.$$

Trifft an irgendeiner Stelle dieser Ungleichungskette das Gleichheitszeichen zu, so ist $a = b$.

Aufgabe 3 H. Man zeige: Für alle reellen Zahlen $x, y \in \mathbb{R}$ gilt

$$\max(x,y) = \frac{1}{2}(x+y+|x-y|), \qquad \min(x,y) = \frac{1}{2}(x+y-|x-y|),$$

dabei bezeichne $\max(x,y)$ die größere und $\min(x,y)$ die kleinere der beiden Zahlen x, y.

Aufgabe 3 I*. Man beweise mit Hilfe des Binomischen Lehrsatzes: Für jede reelle Zahl $x \geq 0$ und jede natürliche Zahl $n \geq 2$ gilt

$$(1+x)^n \geq \frac{n^2}{4}x^2.$$

Aufgabe 3 J*. Man zeige: Zu jeder reellen Zahl $b > 1$ existiert eine natürliche Zahl n_0, so dass $b^n > n$ für alle $n \in \mathbb{N}$ mit $n \geq n_0$ gilt.

Aufgabe 3 K*. Man beweise für alle $n \in \mathbb{N}$

$$n! \leq 2\left(\frac{n}{2}\right)^n.$$

Aufgabe 3 L*. Man beweise folgende Regeln für die Funktionen floor und ceil:

a) $\lceil x \rceil = -\lfloor -x \rfloor$ für alle $x \in \mathbb{R}$.

b) $\lceil x \rceil = \lfloor x \rfloor + 1$ für alle $x \in \mathbb{R} \setminus \mathbb{Z}$.

c) $\lceil n/k \rceil = \lfloor (n+k-1)/k \rfloor$ für alle $n, k \in \mathbb{Z}$ mit $k \geq 1$.

§ 4 Folgen, Grenzwerte

Aufgabe 4 A*. Seien a und b reelle Zahlen. Die Folge $(a_n)_{n\in\mathbb{N}}$ sei wie folgt rekursiv definiert:

$$a_0 := a,\ a_1 := b,\ a_n := \frac{1}{2}(a_{n-1} + a_{n-2}) \quad \text{für } n \geq 2.$$

Man beweise, dass die Folge $(a_n)_{n\in\mathbb{N}}$ konvergiert und bestimme ihren Grenzwert.

Aufgabe 4 B. Seien a und b reelle Zahlen. Die Folge $(a_n)_{n\in\mathbb{N}}$ sei wie folgt rekursiv definiert:

$$a_0 := a,\ a_1 := b,\ a_n := \frac{1}{3}(2a_{n-1} + a_{n-2}) \quad \text{für } n \geq 2.$$

Man beweise, dass die Folge $(a_n)_{n\in\mathbb{N}}$ konvergiert und bestimme ihren Grenzwert.

Aufgabe 4 C*. Man berechne die Summe der Reihe

$$\sum_{n=1}^{\infty} \frac{1}{4n^2 - 1}.$$

Aufgabe 4 D. Man beweise, dass die Reihe

$$\sum_{n=1}^{\infty} \frac{1}{n(n+1)(n+2)}$$

konvergiert und bestimme ihren Grenzwert.

Aufgabe 4 E*. Es sei $(a_n)_{n\in\mathbb{N}}$ eine Folge, die gegen ein $a \in \mathbb{R}$ konvergiere. Man beweise, dass dann die Folge $(b_n)_{n\in\mathbb{N}}$ definiert durch

$$b_n := \frac{1}{n+1}(a_0 + a_1 + \ldots + a_n) \quad \text{für alle } n \in \mathbb{N}$$

ebenfalls gegen a konvergiert.

Aufgabe 4 F. Die Folgen $(a_n)_{n\in\mathbb{N}}$ bzw. $(b_n)_{n\in\mathbb{N}}$ seien definiert durch

$$a_n := \frac{(3-n)^3}{3n^3-1} \quad \text{bzw.} \quad b_n := \frac{1+(-1)^n n^2}{2+3n+n^2} \quad \text{für alle } n \in \mathbb{N}.$$

Man entscheide bei beiden Folgen, welche der drei Eigenschaften „beschränkt", „konvergent" bzw. „divergent" vorliegen, und man bestimme im Falle der Konvergenz den Grenzwert.

Aufgabe 4 G*. Es seien $(a_n)_{n\in\mathbb{N}}$, $(b_n)_{n\in\mathbb{N}}$, $(c_n)_{n\in\mathbb{N}}$ drei reelle Zahlenfolgen mit

$$a_n \leq b_n \leq c_n \quad \text{für alle } n \in \mathbb{N}.$$

Man zeige: Sind $(a_n)_{n\in\mathbb{N}}$, $(c_n)_{n\in\mathbb{N}}$ konvergent mit

$$\lim_{n\to\infty} a_n = \lim_{n\to\infty} c_n =: c \in \mathbb{R},$$

so ist auch $(b_n)_{n\in\mathbb{N}}$ konvergent und besitzt ebenfalls den Grenzwert c.

Aufgabe 4 H*. Die Folge $(a_n)_{n\in\mathbb{N}}$ sei definiert durch

$$a_n := \sum_{k=1}^{n} \frac{k^2}{n^3+k} \quad \text{für alle } n \in \mathbb{N}.$$

Man zeige:

$$\lim_{n\to\infty} a_n = \frac{1}{3}.$$

Aufgabe 4 I. Man zeige, dass die Folge $(a_n)_{n\in\mathbb{N}}$ definiert durch

$$a_n := \sum_{k=1}^{n} \frac{k^2}{n^4 - 10k^2} \quad \text{für alle } n \in \mathbb{N}$$

konvergiert und bestimme ihren Grenzwert.

Aufgabe 4 J. Für $x \in \mathbb{R}$ und $n \in \mathbb{N}$ sei

$$a_n(x) := \left(\frac{5x-1}{x^2+5}\right)^{2n+1}.$$

Man bestimme explizit die folgenden Mengen

a) $A_1 := \{x \in \mathbb{R} : (a_n(x))_{n\in\mathbb{N}} \text{ ist nach oben beschränkt}\}$,

b) $A_2 := \{x \in \mathbb{R} : (a_n(x))_{n\in\mathbb{N}} \text{ ist nach unten beschränkt}\}$,

c) $A_3 := \{x \in \mathbb{R} : (a_n(x))_{n\in\mathbb{N}} \text{ ist nicht beschränkt}\}$,

d) $A_4 := \{x \in \mathbb{R} : (a_n(x))_{n\in\mathbb{N}} \text{ ist konvergent}\}$.

Aufgabe 4 K*. Seien $(a_n)_{n\in\mathbb{N}}$ und $(b_n)_{n\in\mathbb{N}}$ Folgen reeller Zahlen mit $\lim\limits_{n\to\infty} a_n = \infty$ und $\lim\limits_{n\to\infty} b_n =: b \in \mathbb{R}$. Man beweise:

a) $\lim\limits_{n\to\infty} (a_n + b_n) = \infty$.

b) Ist $b > 0$, so gilt $\lim\limits_{n\to\infty} (a_n b_n) = \infty$; ist $b < 0$, so gilt $\lim\limits_{n\to\infty} (a_n b_n) = -\infty$.

Aufgabe 4 L*. Man gebe Beispiele reeller Zahlenfolgen $(a_n)_{n\in\mathbb{N}}$ und $(b_n)_{n\in\mathbb{N}}$ mit $\lim\limits_{n\to\infty} a_n = \infty$, $\lim\limits_{n\to\infty} b_n = 0$ an, so dass jeder der folgenden Fälle eintritt:

a) $\lim\limits_{n\to\infty} (a_n b_n) = +\infty$.

b) $\lim\limits_{n\to\infty} (a_n b_n) = -\infty$.

c) $\lim\limits_{n\to\infty} (a_n b_n) = c$, wobei c eine beliebig vorgegebene reelle Zahl ist.

d) Die Folge $(a_n b_n)_{n\in\mathbb{N}}$ ist beschränkt, aber nicht konvergent.

§ 5 Das Vollständigkeitsaxiom

Aufgabe 5 A*. Man entwickle die Zahl $x = \frac{1}{7}$ in einen b–adischen Bruch für $b = 2, 7, 10, 16$. Im 16–adischen System (= Hexadezimalsystem) verwende man als Ziffern $\mathrm{A} = 10, \mathrm{B} = 11, \ldots, \mathrm{F} = 15$.

Aufgabe 5 B. Man zeige: Jede reelle Zahl x mit $|x| \leq \frac{1}{2}$ läßt sich schreiben als

$$x = \sum_{k=1}^{\infty} \frac{\varepsilon_k}{3^k} \quad \text{mit} \quad \varepsilon_k \in \{-1, 0, 1\} \quad \text{für alle } k \in \mathbb{N}.$$

Aufgabe 5 C. Man zeige: Zu jeder reellen Zahl x mit $0 < x < 1$ gibt es eine Folge natürlicher Zahlen

$$1 < n_1 < n_2 < n_3 < \ldots,$$

so dass

$$x = \sum_{k=1}^{\infty} \frac{1}{n_k}.$$

Aufgabe 5 D*. Gegeben seinen zwei (unendliche) Dezimalbrüche

$$0.a_1a_2a_3a_4\ldots,$$
$$0.b_1b_2b_3b_4\ldots,$$

die gegen dieselbe Zahl $x \in \mathbb{R}$ konvergieren. Man zeige: Entweder gilt $a_n = b_n$ für alle $n \geq 1$ oder es existiert eine natürliche Zahl $k \geq 1$, so dass (nach evtl. Vertauschung der Rollen von a und b) gilt:

$$\begin{cases} a_n = b_n & \text{für alle } n < k, \\ a_k = b_k + 1, & \\ a_n = 0 & \text{für alle } n > k, \\ b_n = 9 & \text{für alle } n > k. \end{cases}$$

Aufgabe 5 E*. Sei $(x_n)_{n \in \mathbb{N}}$ eine reelle Zahlenfolge mit $|x_n - x_{n+1}| \leq 2^{-n}$ für alle $n \in \mathbb{N}$. Man zeige: $(x_n)_{n \in \mathbb{N}}$ ist eine Cauchy–Folge.

Aufgabe 5 F*. Man beweise: Jede Folge reeller Zahlen enthält eine monotone (wachsende oder fallende) Teilfolge.

Aufgabe 5 G*. Sei $(a_n)_{n\in\mathbb{N}}$ eine Folge nichtnegativer reeller Zahlen, die keinen Häufungspunkt besitzt. Man beweise, dass die Folge bestimmt gegen $+\infty$ divergiert.

Aufgabe 5 H. Man zeige: Eine Zahlenfolge $(a_n)_{n\in\mathbb{N}}$ konvergiert genau dann, wenn die drei Teilfolgen

$$(a_{2k})_{k\in\mathbb{N}},\ (a_{2k+1})_{k\in\mathbb{N}},\ (a_{3k})_{k\in\mathbb{N}}$$

konvergieren.

Aufgabe 5 I*. Sei x eine vorgegebene reelle Zahl. Die Folge $(a_n(x))_{n\in\mathbb{N}}$ sei definiert durch

$$a_n(x) := nx - \lfloor nx \rfloor \quad \text{für alle } x \in \mathbb{R} \text{ und alle } n \in \mathbb{N}.$$

Man beweise: Ist x rational, so hat die Folge nur endlich viele Häufungspunkte; ist x irrational, so ist jede reelle Zahl a mit $0 \le a \le 1$ Häufungspunkt der Folge $(a_n(x))_{n\in\mathbb{N}}$.

Aufgabe 5 J*. Man bestimme die 64-Bit-IEEE-Darstellung der Zahlen

$$z_n := 10^n \quad \text{für } n = 2, 1, 0, -1, -2.$$

§ 6 Wurzeln

Aufgabe 6 A*. Beim Iterations-Verfahren

$$x_0 > 0, \quad x_{n+1} := \frac{1}{3}\left(2x_n + \frac{a}{x_n^2}\right)$$

zur Berechnung der 3. Wurzel einer positiven Zahl $a > 0$ definiere man den n-ten relativen Fehler f_n durch

$$x_n = \sqrt[3]{a}(1 + f_n).$$

Man leite eine Rekursionsformel für die Folge (f_n) her und beweise

$$0 \le f_{n+1} \le f_n^2 \quad \text{für alle } n \ge 1.$$

Aufgabe 6 B. Man beweise für $a \geq 0$, $b \geq 0$ die Ungleichung

$$\frac{\sqrt{a}+\sqrt{b}}{2} \leq \sqrt{\frac{a+b}{2}}.$$

Aufgabe 6 C*. Man berechne

$$\sqrt{1+\sqrt{1+\sqrt{1+\sqrt{1+\ldots}}}},$$

d.h. den Limes der Folge $(a_n)_{n\in\mathbb{N}}$ mit $a_0 = 1$ und $a_{n+1} = \sqrt{1+a_n}$ für $n \in \mathbb{N}$.

Aufgabe 6 D*. Sei $(a_n)_{n\in\mathbb{N}}$ die Folge der Fibonacci–Zahlen, d.h. $a_0 = a_1 = 1$ und

$$a_{n+2} = a_{n+1} + a_n \qquad \text{für alle } n \in \mathbb{N}.$$

Man zeige

$$\lim_{n\to\infty} \frac{a_{n+1}}{a_n} = \frac{1+\sqrt{5}}{2}.$$

Aufgabe 6 E*. Seien $a \geq 0$, $b \geq 0$ reelle Zahlen. Die Folgen $(a_n)_{n\in\mathbb{N}}$, $(b_n)_{n\in\mathbb{N}}$ seien rekursiv definiert durch

$$a_0 := a,\ b_0 := b,\ a_{n+1} := \sqrt{a_n b_n},\ b_{n+1} := \frac{1}{2}(a_n + b_n).$$

für alle $n \in \mathbb{N}$. Man zeige, dass beide Folgen gegen denselben Grenzwert konvergieren. (Dieser Grenzwert heißt das arithmetisch–geometrische Mittel von a und b.)

Aufgabe 6 F*. Man zeige: Für alle natürlichen Zahlen $n \geq 1$ gilt

$$\sqrt[n]{n} \leq 1 + \frac{2}{\sqrt{n}}.$$

Aufgabe 6 G*. Man beweise mittels Aufgabe 6 F

$$\lim_{n\to\infty} \sqrt[n]{n} = 1.$$

Aufgabe 6 H*. Man beweise:

a) $$\lim_{n\to\infty}\left(\sqrt[3]{n+\sqrt{n}}-\sqrt[3]{n}\right)=0.$$

b) $$\lim_{n\to\infty}\left(\sqrt[3]{n+\sqrt[3]{n^2}}-\sqrt[3]{n}\right)=\frac{1}{3}.$$

Aufgabe 6 I*. Die Folge $(a_n)_{n\in\mathbb{N}}$ sei definiert durch $a_n := \sqrt{n}$ für alle $n \in \mathbb{N}$. Man zeige, dass $(a_n)_{n\in\mathbb{N}}$ keine Cauchy–Folge ist, aber der folgenden Bedingung genügt: Zu jedem $\varepsilon > 0$ und jedem $k \in \mathbb{N}$ existiert ein $N \in \mathbb{N}$, so dass

$$|a_n - a_{n+k}| < \varepsilon \qquad \text{für alle } n \geq N.$$

§ 7 Konvergenzkriterien für Reihen

Aufgabe 7 A*. Man untersuche die folgenden Reihen auf Konvergenz oder Divergenz:

$$\sum_{n=1}^{\infty}\frac{n!}{n^n},\quad \sum_{n=0}^{\infty}\frac{n^4}{3^n},\quad \sum_{n=0}^{\infty}\frac{n+4}{n^2-3n+1},\quad \sum_{n=1}^{\infty}\frac{(n+1)^{n-1}}{(-n)^n}.$$

Aufgabe 7 B. Man untersuche die folgenden Reihen auf Konvergenz oder Divergenz:

$$\sum_{n=1}^{\infty}\frac{n^2+n}{n^4-11n^2+3},\quad \sum_{n=0}^{\infty}\frac{3^n n!}{n^n},\quad \sum_{n=0}^{\infty}\frac{2^n n!}{n^n}.$$

Aufgabe 7 C. Die Reihen $\sum_{n=1}^{\infty} a_n$ und $\sum_{n=1}^{\infty} b_n$ seien gegeben durch

$$a_n = \frac{1}{n}+\frac{(-1)^n}{n^2},\quad b_n = \frac{1}{n^2}+\frac{(-1)^n}{n} \qquad \text{für alle } n \in \mathbb{N}.$$

Man bestimme, welche der beiden Reihen konvergieren oder divergieren.

Aufgabe 7 D*. Man berechne den Grenzwert der Reihen

$$\sum_{n=0}^{\infty}\frac{1}{(2n+1)^s} \quad \text{und} \quad \sum_{n=0}^{\infty}\frac{(-1)^{n-1}}{n^s}$$

für $s = 2$ und $s = 4$. Dabei werde als bekannt vorausgesetzt, dass

$$\sum_{n=1}^{\infty} \frac{1}{n^2} = \frac{\pi^2}{6} \quad \text{und} \quad \sum_{n=1}^{\infty} \frac{1}{n^4} = \frac{\pi^4}{90}$$

gilt (vgl. An. 1, §21, Beispiel (21.8) und §23, Beispiel (23.2)).

Aufgabe 7 E*.

a) Es sei $\sum_{n=0}^{\infty} a_n$ eine absolut konvergente Reihe und $(c_n)_{n\in\mathbb{N}}$ eine konvergente Folge reeller Zahlen. Man zeige: Die Reihe $\sum_{n=0}^{\infty}(c_n a_n)$ konvergiert absolut.

b) Man gebe ein Beispiel einer konvergenten Reihe $\sum_{n=0}^{\infty} a_n$ und einer konvergenten Folge $(c_n)_{n\in\mathbb{N}}$ an, so dass die Reihe $\sum_{n=0}^{\infty}(c_n a_n)$ divergiert.

Aufgabe 7 F*. Sei $\sum_{n=0}^{\infty} a_n$ eine konvergente, aber nicht absolut konvergente Reihe reeller Zahlen. Man beweise, dass es zu beliebig vorgegebenen $c \in \mathbb{R}$ eine Umordnung $\sum_{n=0}^{\infty} a_{\tau(n)}$ gibt (d.h. $\tau : \mathbb{N} \longrightarrow \mathbb{N}$ ist eine bijektive Abbildung), die gegen c konvergiert.

Aufgabe 7 G*. Es sei $h_n := \sum_{k=1}^{n} \frac{1}{k}$. Man beweise, dass die Reihe $\sum_{n=1}^{\infty} \frac{h_n}{2^n}$ konvergiert, und dass

$$\sum_{n=1}^{\infty} \frac{1}{n2^n} = \frac{1}{2} \sum_{n=1}^{\infty} \frac{h_n}{2^n}$$

ist.

Aufgabe 7 H. Es sei $(a_n)_{n\in\mathbb{N}}$ eine Folge nichtnegativer reeller Zahlen mit

$$a_0 \geq a_1 \geq a_2 \geq \ldots.$$

Man beweise:

a) Die Reihe $\sum_{n=0}^{\infty} a_n$ konvergiert genau dann, wenn $\sum_{n=0}^{\infty} 2^n a_{2^n}$ konvergiert (Reihenverdichtungskriterium).

b) Falls $\sum_{n=0}^{\infty} a_n$ konvergiert, so folgt

$$\lim_{n\to\infty} (n a_n) = 0.$$

Aufgabe 7 I. Man zeige, dass die Reihe $\sum_{n=1}^{\infty} \frac{1}{n\sqrt{n}}$ konvergiert.

(*Hinweis:* Man verwende das Reihenverdichtungskriterium aus Aufgabe 7 H.)

Aufgabe 7 J. Für welche $x \in \mathbb{R}$ konvergiert die Reihe $\sum_{n=0}^{\infty} \frac{n^3}{2^n} x^n$?

Aufgabe 7 K. Man zeige, dass für jedes $x \in \mathbb{R}$ mit $|x| < 1$ die Reihe

$$f(x) := \sum_{n=1}^{\infty} \sqrt{n} x^n$$

konvergiert.

Aufgabe 7 L*.

a) Man zeige, dass die Reihe

$$g(x) := \sum_{k=0}^{\infty} \frac{1}{2k+1} x^{2k+1}$$

für alle $x \in \mathbb{R}$ mit $|x| < 1$ konvergiert.

b) Wieviele Reihenglieder muss man in den Fällen $x = \frac{1}{2}, \frac{1}{4}, \frac{1}{10}$ jeweils berücksichtigen, um $g(x)$ mit einer Genauigkeit von 10^{-6} zu berechnen?

Aufgabe 7 M*. Sei $(a_n)_{n \geq 1}$ eine Folge reeller Zahlen mit $|a_n| \leq M$ für alle $n \geq 1$, wobei $M \in \mathbb{R}$. Man zeige:

a) $f(x) := \sum_{n=1}^{\infty} a_n x^n$ konvergiert für alle $x \in \mathbb{R}$ mit $|x| < 1$.

b) Ist $a_1 \neq 0$, so gilt $f(x) \neq 0$ für alle $x \in \mathbb{R}$ mit $0 < |x| < \frac{|a_1|}{2M}$.

§ 8 Die Exponentialreihe

Aufgabe 8 A*.

a) Sei $x \geq 1$ eine reelle Zahl. Man zeige, dass die Reihe

$$s(x) := \sum_{n=0}^{\infty} \binom{x}{n}$$

absolut konvergiert. (Die Zahlen $\binom{x}{n}$ wurden in Aufgabe 1 B definiert.)

b) Man beweise für reelle Zahlen $x, y \geq 1$ die Funktionalgleichung

$$s(x+y) = s(x)s(y).$$

c) Man berechne $s\left(n+\frac{1}{2}\right)$ für alle natürlichen Zahlen $n \geq 1$.

Aufgabe 8 B*. Für $n \in \mathbb{N}$ sei

$$a_n := b_n := \frac{(-1)^n}{\sqrt{n+1}}$$

und

$$c_n := \sum_{k=0}^{n} a_{n-k} b_k.$$

Man zeige, dass die Reihen $\sum_{n=0}^{\infty} a_n$ und $\sum_{n=0}^{\infty} b_n$ konvergieren, aber ihr Cauchy-Produkt $\sum_{n=0}^{\infty} c_n$ nicht konvergiert.

Aufgabe 8 C. Man gebe ein Beispiel zweier nicht konvergierender Reihen $\sum_{n=0}^{\infty} a_n$, $\sum_{n=0}^{\infty} b_n$ an, so dass ihr Cauchy–Produkt

$$\sum_{n=0}^{\infty} c_n, \quad c_n = \sum_{k=0}^{n} a_{n-k} b_k \quad \text{für alle } n \in \mathbb{N},$$

konvergiert.

Aufgabe 8 D.

a) Man zeige, dass die Reihe

$$C(x) := \sum_{n=0}^{\infty} \frac{(-1)^n}{(2n)!} x^{2n}$$

für alle $x \in \mathbb{R}$ absolut konvergiert.

b) Man beweise mittels des Cauchy–Produkts von Reihen die Formel

$$2C(x)^2 = C(2x) + 1.$$

(*Anleitung:* Man verwende die Formel aus Aufgabe 1 H.)

(*Bemerkung:* $C(x)$ ist die Cosinusreihe, die in An. 1, §14, behandelt wird.)

Aufgabe 8 E*. Sei $M = \{1, 2, 4, 5, 8, 10, 16, 20, 25, \ldots\}$ die Menge aller natürlichen Zahlen ≥ 1, die durch keine Primzahl $\neq 2, 5$ teilbar sind. Man betrachte die zu M gehörige Teilreihe der harmonischen Reihe und beweise

$$\sum_{n \in M} \frac{1}{n} = \frac{5}{2}.$$

Anleitung. Man bilde das Produkt der geometrischen Reihen $\sum 2^{-n}$ und $\sum 5^{-n}$.

§ 9 Punktmengen

Aufgabe 9 A*. Man beweise:

a) Die Menge aller *endlichen* Teilmengen von $\mathbb{N}$ ist abzählbar.

b) Die Menge *aller* Teilmengen von $\mathbb{N}$ ist überabzählbar.

Aufgabe 9 B*. Sei $(a_n)_{n \in \mathbb{N}}$ eine beschränkte Folge reeller Zahlen und H die Menge ihrer Häufungspunkte. Man zeige

$$\limsup a_n = \sup H, \quad \liminf a_n = \inf H.$$

Aufgabe 9 C*. Man beweise: Eine Folge $(a_n)_{n\in\mathbb{N}}$ reeller Zahlen konvergiert genau dann gegen $a \in \mathbb{R}$, wenn

$$\limsup a_n = \liminf a_n = a$$

gilt.

Aufgabe 9 D. Sei $(a_n)_{n\in\mathbb{N}}$ eine Folge positiver reeller Zahlen. Man beweise:

a) i) $\limsup a_n = \infty \iff \liminf \frac{1}{a_n} = 0,$

ii) $\liminf a_n = \infty \iff \limsup \frac{1}{a_n} = 0.$

b) Falls $0 < \limsup a_n < \infty$ und $0 < \liminf a_n < \infty$, gilt

i) $\limsup \frac{1}{a_n} = \frac{1}{\liminf a_n},$

ii) $\liminf \frac{1}{a_n} = \frac{1}{\limsup a_n}.$

Aufgabe 9 E*. Es sei M eine überabzählbare Menge positiver reeller Zahlen. Man beweise: Zu jeder reellen Zahl r gibt es endlich viele (paarweise voneinander verschiedene) Zahlen $a_1, \ldots, a_n$ aus M, so dass

$$\sum_{k=1}^{n} a_k \geq r$$

ist.

Aufgabe 9 F. Eine Teilmenge $U \subset \mathbb{R}$ heißt offen, wenn es zu jedem $a \in U$ ein $\varepsilon > 0$ gibt, so dass

$$]a-\varepsilon, a+\varepsilon[\subset U.$$

Man zeige: Jede offene Teilmenge $U \subset \mathbb{R}$ ist Vereinigung von abzählbar vielen offenen Intervallen.

(*Zusatz:* Man kann die Intervalle sogar paarweise punktfremd wählen.)

§ 10 Funktionen, Stetigkeit

Aufgabe 10 A*. Die Funktionen $g_n : \mathbb{R} \longrightarrow \mathbb{R}$, $n \in \mathbb{N}$, seien definiert durch

$$g_n(x) := \frac{nx}{1+|nx|}.$$

Man zeige, dass alle Funktionen g_n stetig sind. Für welche $x \in \mathbb{R}$ ist die Funktion

$$x \stackrel{g}{\longmapsto} g(x) := \lim_{n\to\infty} g_n(x),$$

definiert bzw. stetig?

Aufgabe 10 B*. Seien $f, g : D \longrightarrow \mathbb{R}$ auf einer Teilmenge $D \subset \mathbb{R}$ definierte Funktionen. Die Funktionen

$$\varphi := \max(f,g) \quad \text{und} \quad \psi := \min(f,g)$$

seien definiert durch

$$\begin{aligned} \varphi(x) &:= \max(f(x), g(x)), \\ \psi(x) &:= \min(f(x), g(x)) \end{aligned}$$

für alle $x \in D$. Man zeige: Sind f und g stetig auf D, so auch φ und ψ.

Aufgabe 10 C. Für eine Funktion $f : D \longrightarrow \mathbb{R}$, $D \subset \mathbb{R}$, seien die Funktionen $f_+, f_- : D \longrightarrow \mathbb{R}$ definiert durch

$$f_+(x) := \begin{cases} f(x), & \text{falls } f(x) \geq 0, \\ 0, & \text{falls } f(x) < 0, \end{cases}$$

$$f_-(x) := \begin{cases} -f(x), & \text{falls } f(x) \leq 0, \\ 0, & \text{falls } f(x) > 0. \end{cases}$$

Man zeige:

a) $f = f_+ - f_-, \quad |f| = f_+ + f_-$,

b) f ist genau dann stetig, wenn f_+ und f_- stetig sind.

Aufgabe 10 D*. Die im abgeschlossenen Intervall $[a,b] \subset \mathbb{R}$ definierte stetige Funktion $f : [a,b] \longrightarrow \mathbb{R}$ sei stückweise linear, d.h. es gebe eine Unterteilung

$$a = x_0 < x_1 < \ldots < x_n = b$$

des Intervalls $[a,b]$ und reelle Zahlen c_k, d_k, so dass

$$f(x) = c_k x + d_k \quad \text{für } x \in [x_{k-1}, x_k]$$

für $k = 1, \ldots, n$. Man zeige: Es gibt reelle Zahlen $p_0, \ldots, p_n$, so dass

$$f(x) = \sum_{k=0}^{n} p_k |x - x_k| \quad \text{für alle } x \in [a,b].$$

Aufgabe 10 E*. Die Funktion $f : \mathbb{Q} \longrightarrow \mathbb{R}$ werde definiert durch

$$f(x) := \begin{cases} 0, & \text{falls } x < \sqrt{2}\,, \\ 1, & \text{falls } x > \sqrt{2}\,. \end{cases}$$

Man zeige, dass f auf ganz $\mathbb{Q}$ stetig ist.

Aufgabe 10 F*. Die Funktion $f :]0,1] \longrightarrow \mathbb{R}$ sei definiert durch

$$f(x) := \begin{cases} \frac{1}{q}, & \text{falls } x = \frac{p}{q} \text{ mit } p, q \in \mathbb{N} \text{ teilerfremd,} \\ 0, & \text{falls } x \text{ irrational.} \end{cases}$$

Man zeige, dass f in jedem irrationalen Punkt $a \in]0,1]$ stetig ist.

Aufgabe 10 G. Seien $f, g : \mathbb{R} \longrightarrow \mathbb{R}$ zwei stetige Funktionen mit

$$f(x) = g(x) \quad \text{für alle } x \in \mathbb{Q}.$$

Man zeige, dass dann bereits $f(x) = g(x)$ für alle $x \in \mathbb{R}$ gilt.

§ 11 Sätze über stetige Funktionen

Aufgabe 11 A*. Es sei $F : [a,b] \longrightarrow \mathbb{R}$ eine stetige Funktion mit $F([a,b]) \subset [a,b]$. Man zeige, dass F mindestens einen Fixpunkt hat, d.h. es existiert ein $x_0 \in [a,b]$ mit $F(x_0) = x_0$.

Aufgabe 11 B*. Man zeige: Die Funktion $\operatorname{sqrt} : \mathbb{R}_+ \longrightarrow \mathbb{R}$ ist gleichmäßig stetig, die Funktion $f : \mathbb{R}_+ \longrightarrow \mathbb{R}$, $f(x) := x^2$, ist dagegen nicht gleichmäßig stetig.

Aufgabe 11 C*. Sei $f : [a,b] \longrightarrow \mathbb{R}$ eine stetige Funktion. Der Stetigkeitsmodul $\omega_f : \mathbb{R}_+ \longrightarrow \mathbb{R}$ von f ist wie folgt definiert:

$$\omega_f(\delta) := \sup\{|f(x) - f(x')| : x, x' \in [a,b], |x - x'| \leq \delta\}.$$

Man beweise:

a) ω_f ist stetig auf $\mathbb{R}_+$, insbesondere gilt $\lim_{\delta \searrow 0} \omega_f(\delta) = 0$.

b) Für $0 < \delta \leq \delta'$ gilt $\omega_f(\delta) \leq \omega_f(\delta')$.

c) Für alle $\delta, \delta' \in \mathbb{R}_+$ gilt $\omega_f(\delta + \delta') \leq \omega_f(\delta) + \omega_f(\delta')$.

Aufgabe 11 D. Sei $f :]0,1] \longrightarrow \mathbb{R}$ eine stetige Funktion. Man zeige, dass f genau dann gleichmäßig stetig ist, falls $\lim_{x \searrow 0} f(x)$ existiert.

Aufgabe 11 E. Sei M eine Teilmenge von $\mathbb{R}$. Die Funktion $d : \mathbb{R} \longrightarrow \mathbb{R}$ sei definiert durch

$$d(x) := \inf\{|x - y| : y \in M\} \quad \text{für alle } x \in \mathbb{R}.$$

Man zeige, dass d stetig ist.

Aufgabe 11 F*. Sei $f : [a,b] \longrightarrow \mathbb{R}$ eine stetige Funktion. Man beweise: Zu jedem $\varepsilon > 0$ gibt es eine stetige, stückweise lineare Funktion $\varphi : [a,b] \longrightarrow \mathbb{R}$ mit

$$|f(x) - \varphi(x)| \leq \varepsilon \quad \text{für alle } x \in [a,b].$$

(Die stückweise linearen Funktionen sind in Aufgabe 10 D definiert.)

Aufgabe 11 G.

a) Sei $[a,b] \subset \mathbb{R}$ ein abgeschlossenes Intervall und $f, g : [a,b] \longrightarrow \mathbb{R}$ seien zwei stetige Funktionen mit

$$f(a) > g(a), \quad f(b) < g(b).$$

Man beweise, dass es ein $x_0 \in [a,b]$ mit $f(x_0) = g(x_0)$ gibt.

b) Man zeige, dass die Gleichung

$$\frac{1}{1+x^2} = \sqrt{x}$$

eine Lösung $x_0 \in \mathbb{R}_+$ besitzt. Man skizziere die Graphen der Funktionen

$$\begin{cases} f: \mathbb{R} \longrightarrow \mathbb{R} \\ \quad x \longmapsto \frac{1}{1+x^2} \end{cases}, \qquad \begin{cases} g: \mathbb{R} \longrightarrow \mathbb{R} \\ \quad x \longmapsto \sqrt{x} \end{cases},$$

in $[0,2]$ und gebe ein Intervall der Länge 10^{-3} an, in dem x_0 liegt.

§ 12 Logarithmus und allgemeine Potenz

Aufgabe 12 A.

a) Seien $I, J \subset \mathbb{R}$ Intervalle und $g: I \longrightarrow \mathbb{R}$, $f: J \longrightarrow \mathbb{R}$ Funktionen mit $g(I) \subset J$. Man zeige:

   i) Sind f und g beide streng monoton wachsend oder beide streng monoton fallend, so ist $f \circ g$ streng monoton wachsend.

   ii) Ist eine der beiden Funktionen f und g streng monoton wachsend und die andere streng monoton fallend, so ist $f \circ g$ streng monoton fallend.

b) Sei $h: I \longrightarrow \mathbb{R}_+^*$ eine streng monoton wachsende (bzw. fallende) Funktion. Man zeige, dass $\frac{1}{h}$ streng monoton fällt (bzw. wächst).

Aufgabe 12 B. Man zeige: Die Funktion $\mathbb{R} \longrightarrow \mathbb{R}$, $x \longmapsto a^x$ ist für $a > 1$ streng monoton wachsend und für $0 < a < 1$ streng monoton fallend. In beiden Fällen wird $\mathbb{R}$ bijektiv auf $\mathbb{R}_+^*$ abgebildet. Die Umkehrfunktion ${}^a\log : \mathbb{R}_+^* \longrightarrow \mathbb{R}$ (Logarithmus zur Basis a) ist stetig und es gilt

$${}^a\log x = \frac{\log x}{\log a} \quad \text{für alle } x \in \mathbb{R}_+^*.$$

Aufgabe 12 C*. Man zeige: Die Funktion sinh bildet $\mathbb{R}$ bijektiv auf $\mathbb{R}$ ab; die Funktion cosh bildet $\mathbb{R}_+$ bijektiv auf $[1, \infty[$ ab. Für die Umkehrfunktionen

$\operatorname{Ar\,sinh} : \mathbb{R} \longrightarrow \mathbb{R}$ (Area sinus hyperbolici),
$\operatorname{Ar\,cosh} : [1, \infty[\longrightarrow \mathbb{R}$ (Area cosinus hyperbolici)

gelten die Beziehungen

$$\operatorname{Ar}\sinh x = \log(x + \sqrt{x^2+1}), \quad \operatorname{Ar}\cosh x = \log(x + \sqrt{x^2-1}).$$

Aufgabe 12 D. Die Funktion

$$\tanh : \mathbb{R} \longrightarrow \mathbb{R} \quad \text{(Tangens hyperbolicus)}$$

ist für alle $x \in \mathbb{R}$ definiert durch

$$\tanh x := \frac{\sinh x}{\cosh x}.$$

Man zeichne den Graphen der Funktion und zeige die folgenden Aussagen:

a) tanh ist streng monoton wachsend.

b) $\lim\limits_{x\to\infty} \tanh x = 1, \ \lim\limits_{x\to-\infty} \tanh x = -1.$

c) tanh bildet $\mathbb{R}$ bijektiv auf das offene Intervall $]-1,1[$ ab, und für die Umkehrfunktion

$$\operatorname{Ar}\tanh :]-1,1[\longrightarrow \mathbb{R} \quad \text{(Area tangens hyperbolicus)}$$

gilt

$$\operatorname{Ar}\tanh x = \frac{1}{2}\log\frac{1+x}{1-x}.$$

Aufgabe 12 E. Auf $\mathbb{R}^* = \mathbb{R} \setminus \{0\}$ sei die Funktion f definiert durch

$$f(x) := \tanh\frac{1}{x}.$$

a) Man zeige: f ist auf jedem der Intervalle $]-\infty,0[$ und $]0,\infty[$ streng monoton fallend.

b) Man berechne die Grenzwerte $\lim\limits_{x\searrow 0} f(x)$ und $\lim\limits_{x\nearrow 0} f(x)$ und zeichne den Graphen von f.

c) Man beweise, dass die wie folgt definierte Funktion $g : \mathbb{R} \longrightarrow \mathbb{R}$,

$$g(x) := \begin{cases} x\tanh\frac{1}{x}, & \text{für } x \neq 0, \\ 0, & \text{für } x = 0 \end{cases}$$

stetig ist.

Aufgabe 12 F. Für $x > 1$ seien $f_0(x)$ bis $f_9(x)$ auf $\mathbb{R}$ der Reihe nach definiert als

$$1, \log(\log x), \log x, x^a, x^b, e^x, x^x, (x^x)^x, e^{(e^x)}, x^{(x^x)}.$$

Dabei seien a, b reelle Zahlen mit $0 < a < b$. Man beweise: Für $i, k \in \{0, \ldots, 9\}$ mit $i < k$ gilt

$$\lim_{x \to \infty} \frac{f_i(x)}{f_k(x)} = 0.$$

Aufgabe 12 G*. Man beweise

$$\lim_{x \searrow 0} x^x = 1 \quad \text{und} \quad \lim_{n \to \infty} \sqrt[n]{n} = 1.$$

Aufgabe 12 H*. Sei $a > 0$. Die Folgen $(x_n)_{n \in \mathbb{N}}$ und $(y_n)_{n \in \mathbb{N}}$ seien definiert durch

$$x_0 := a, \ x_{n+1} := \sqrt{x_n}, \ y_n := 2^n(x_n - 1) \quad \text{für alle } n \in \mathbb{N}.$$

Man beweise $\lim\limits_{n \to \infty} y_n = \log a$.

Aufgabe 12 I*. Man beweise, dass die Reihen

$$\sum_{n=2}^{\infty} \log\left(1 - \frac{1}{n^2}\right), \quad \sum_{n=2}^{\infty} \log\left(1 + \frac{1}{n^2}\right),$$

konvergieren.

Aufgabe 12 J*. Man zeige: Die Reihe $\sum_{k=2}^{\infty} \frac{1}{k \log k}$ divergiert und die Reihe $\sum_{k=2}^{\infty} \frac{1}{k(\log k)^2}$ konvergiert.

Aufgabe 12 K*. Man bestimme alle stetigen Funktionen, die folgende Funktionalgleichungen genügen:

a) $f : \mathbb{R} \longrightarrow \mathbb{R}, \quad f(x+y) = f(x) + f(y),$

b) $g : \mathbb{R}_+^* \longrightarrow \mathbb{R}, \quad g(xy) = g(x) + g(y),$

c) $h : \mathbb{R}_+^* \longrightarrow \mathbb{R}, \quad h(xy) = h(x)h(y).$

§ 13 Die Exponentialfunktion im Komplexen

Aufgabe 13 A*. Sei c eine komplexe Zahl ungleich 0. Man beweise: Die Gleichung $z^2 = c$ besitzt genau zwei Lösungen. Für eine der beiden Lösungen gilt

$$\operatorname{Re}(z) = \operatorname{sqrt}\left(\frac{|c| + \operatorname{Re}(c)}{2}\right), \quad \operatorname{Im}(z) = \sigma \operatorname{sqrt}\left(\frac{|c| - \operatorname{Re}(c)}{2}\right),$$

wobei

$$\sigma := \begin{cases} +1, & \text{falls } \operatorname{Im}(c) \geq 0, \\ -1, & \text{falls } \operatorname{Im}(c) < 0. \end{cases}$$

Die andere Lösung ist das Negative davon.

Aufgabe 13 B. Seien $a, b \in \mathbb{C}$. Man zeige: Die Gleichung

$$z^2 + az + b = 0$$

hat genau eine bzw. zwei Lösungen $z \in \mathbb{C}$, je nachdem

$$a^2 - 4b = 0 \quad \text{bzw.} \quad a^2 - 4b \neq 0.$$

Aufgabe 13 C*. Man beschreibe die Mengen

$$M_1 := \{z \in \mathbb{C} : |1 - z| \geq |1 + z|\},$$
$$M_2 := \{z \in \mathbb{C} : |z - i| = |z + i| = \sqrt{2}\}.$$

(Mit Skizze!)

Aufgabe 13 D. Die Funktionen Cosinus hyperbolicus und Sinus hyperbolicus werden im Komplexen definiert durch

$$\cosh z = \frac{1}{2}(e^z + e^{-z}), \quad \sinh z = \frac{1}{2}(e^z - e^{-z}).$$

Man beweise die Additionstheoreme

$$\cosh(z_1 + z_2) = \cosh z_1 \cosh z_2 + \sinh z_1 \sinh z_2,$$
$$\sinh(z_1 + z_2) = \cosh z_1 \sinh z_2 + \sinh z_1 \cosh z_2$$

für alle $z_1, z_2 \in \mathbb{C}$.

Aufgabe 13 E*. Es sei $k \geq 1$ eine natürliche Zahl und für $n \in \mathbb{N}$ seien

$$A_n \in \mathrm{M}(k \times k, \mathbb{C}), \quad A_n = \left(a_{ij}^{(n)}\right),$$

komplexe $k \times k$–Matrizen. Man sagt, die Folge $(A_n)_{n\in\mathbb{N}}$ konvergiere gegen die Matrix $A = (a_{ij}) \in \mathrm{M}(k \times k, \mathbb{C})$, falls für jedes Paar $(i, j) \in \{1, \ldots, k\}^2$ gilt

$$\lim_{n\to\infty} a_{ij}^{(n)} = a_{ij}.$$

Man beweise:

a) Für jede Matrix $A \in \mathrm{M}(k \times k, \mathbb{C})$ konvergiert die Reihe

$$\exp(A) := \sum_{n=0}^{\infty} \frac{1}{n!} A^n.$$

b) Seien $A, B \in \mathrm{M}(k \times k, \mathbb{C})$ Matrizen mit $AB = BA$. Dann gilt

$$\exp(A + B) = \exp(A) \exp(B).$$

§ 14 Trigonometrische Funktionen

Aufgabe 14 A*. Es sei x eine reelle Zahl und $n \geq 1$ eine natürliche Zahl. Die Punkte $A_k^{(n)}$ auf dem Einheitskreis der komplexen Ebene seien wie folgt definiert:

$$A_k^{(n)} := e^{i\frac{k}{n}x}, \quad k = 0, 1, \ldots, n.$$

Sei L_n die Länge des Polygonzugs $A_0^{(n)} A_1^{(n)} \ldots A_n^{(n)}$, d.h.

$$L_n = \sum_{k=1}^{n} |A_k^{(n)} - A_{k-1}^{(n)}|.$$

Man beweise

a) $L_n = 2n|\sin\frac{x}{2n}|$,

b) $\lim\limits_{n\to\infty} \left(2n \sin\frac{x}{2n}\right) = x$.

Aufgabe 14 B*. Man berechne die exakten Werte von $\sin x$, $\cos x$, $\tan x$ an den Stellen $x = \frac{\pi}{3}, \frac{\pi}{4}, \frac{\pi}{5}, \frac{\pi}{6}$.

Aufgabe 14 C*. Man zeige mit Hilfe der Eulerschen Formel für alle $x \in \mathbb{R}$

$$\cos^3 x = \frac{1}{4}\cos(3x) + \frac{3}{4}\cos x.$$

Aufgabe 14 D*. Für $-1 \leq x \leq 1$ und $n \in \mathbb{N}$ sei

$$T_n(x) := \cos(n \arccos x).$$

Man zeige: T_n ist ein Polynom n–ten Grades in x mit ganzzahligen Koeffizienten.

(T_n heißt n–tes Tschebyscheff–Polynom.)

Aufgabe 14 E. Man berechne Real– und Imaginärteil von $(1+i)^{4711}$.

Aufgabe 14 F. Die Funktionen Cosinus und Sinus werden im Komplexen wie folgt definiert: Für $z \in \mathbb{C}$ sei

$$\cos z := \frac{1}{2}(e^{iz} + e^{-iz}), \quad \sin z := \frac{1}{2i}(e^{iz} - e^{-iz}).$$

Man zeige für alle $x, y \in \mathbb{R}$, $z \in \mathbb{C}$

a) $\cos(x+iy) = \cos x \cosh y - i \sin x \sinh y$,

b) $\sin(x+iy) = \sin x \cosh y + i \cos x \sinh y$,

c) $\cosh(iz) = \cos z$,

d) $\sinh(iz) = i \sin z$.

Aufgabe 14 G*. Sei x eine reelle Zahl, $x \neq (2k+1)\pi$ für alle $k \in \mathbb{Z}$. Man beweise: Ist $u := \tan\frac{x}{2}$, so gilt

$$\sin x = \frac{2u}{1+u^2}, \quad \cos x = \frac{1-u^2}{1+u^2}.$$

Aufgabe 14 H*. Sei $x \in \mathbb{R}$. Die Folge $(x_n)_{n\in\mathbb{N}}$ werde rekursiv wie folgt definiert:

$$x_0 := x, \quad x_{n+1} := \frac{x_n}{1+\sqrt{1+x_n^2}}.$$

Man zeige:

$$\lim_{n\to\infty} (2^n x_n) = \arctan x.$$

Aufgabe 14 I. Man finde eine analoge Folge für $\arcsin x$, wie für $\arctan x$ in Aufgabe 14 H.

Aufgabe 14 J*. (vgl. Aufgabe 13 E). Man zeige, dass für jedes $t \in \mathbb{R}$ gilt

$$\exp\begin{pmatrix} 0 & -t \\ t & 0 \end{pmatrix} = \begin{pmatrix} \cos t & -\sin t \\ \sin t & \cos t \end{pmatrix}.$$

Aufgabe 14 K. In $\mathbb{C}$ betrachte man die von dem Parameter $c \in \mathbb{R}$ abhängenden Geraden

$$g_c := \{z \in \mathbb{C} : \mathrm{Re}(z) = c\}, \quad h_c := \{z \in \mathbb{C} : \mathrm{Im}(z) = c\}.$$

Man bestimme die Bilder dieser Geraden unter der Exponentialfunktion $\exp : \mathbb{C} \longrightarrow \mathbb{C}$. Man zeichne die Kurven

$$\exp(g_c) \text{ für } c = -2, -1, 0, \frac{1}{2}, 1, \frac{3}{2}, 2;$$

$$\exp(h_c) \text{ für } c = \frac{k\pi}{8},\ k = 0, 1, \ldots, 15.$$

§ 15 Differentiation

Aufgabe 15 A*. Man berechne die Ableitungen der folgenden Funktionen $f_k : \mathbb{R}_+^* \longrightarrow \mathbb{R}$, $k = 1, \ldots, 5$,

$$f_1(x) := x^{(x^x)},\ f_2(x) := (x^x)^x,\ f_3(x) := x^{(x^a)},$$
$$f_4(x) := x^{(a^x)},\ f_5(x) := a^{(x^x)}.$$

Dabei sei a eine positive Konstante.

Aufgabe 15 B. Für welche $x \in \mathbb{R}$ sind die folgenden Funktionen f_k definiert, wo sind sie differenzierbar? Man berechne gegebenenfalls ihre Ableitungen.

$$f_1(x) = \frac{ax+b}{cx+d}, \qquad f_2(x) = \frac{\cos x}{1+x^2}, \qquad f_3(x) = \cos\left(\frac{2}{1+x^2}\right),$$
$$f_4(x) = e^x \sin x, \qquad f_5(x) = \log(\cos x), \; f_6(x) = \arctan x^2,$$
$$f_7(x) = (\arctan x)^2.$$

Dabei sind a, b, c, $d \in \mathbb{R}$ mit $ad - bc = 1$

Aufgabe 15 C*. Sei $f : \mathbb{R}_+^* \longrightarrow \mathbb{R}$ mit $f(x) := \frac{\sin x}{\sqrt{x}}$. Man zeige

$$f''(x) + \frac{1}{x} f'(x) + \left(1 - \frac{1}{4x^2}\right) f(x) = 0.$$

Aufgabe 15 D*. Die Funktion $f : \mathbb{R} \longrightarrow \mathbb{R}$ sei definiert durch

$$f(x) := \begin{cases} 0, & \text{falls } x \leq 0, \\ x^{n+1}, & \text{falls } x > 0. \end{cases}$$

Dabei ist n eine vorgegebene natürliche Zahl. Man zeige, dass f auf ganz $\mathbb{R}$ n–mal stetig differenzierbar ist und berechne $f^{(k)}$ für alle $k \in \{1, 2, \ldots, n\}$.

Aufgabe 15 E*. Die Funktion $g : \mathbb{R} \longrightarrow \mathbb{R}$ sei wie folgt definiert:

$$g(x) := \begin{cases} 0, & \text{falls } x = 0, \\ x^2 \cos \frac{1}{x}, & \text{falls } x \neq 0. \end{cases}$$

Man zeige, dass g in jedem Punkt $x \in \mathbb{R}$ differenzierbar ist und berechne die Ableitung.

Aufgabe 15 F. Die Funktion $h : \mathbb{R} \longrightarrow \mathbb{R}$ sei wie folgt definiert:

$$h(x) := \begin{cases} 0, & \text{falls } x \leq 0, \\ e^{-1/x} & \text{falls } x > 0. \end{cases}$$

Man skizziere den Graphen der Funktion und zeige, dass h auf ganz $\mathbb{R}$ beliebig oft differenzierbar ist.

Aufgabe 15 G. Man zeige durch vollständige Induktion nach $n \in \mathbb{N}$

$$\frac{d^n}{dx^n} e^{-x^2} = F_n(x) e^{-x^2},$$

wobei F_n ein Polynom n–ten Grades in x ist.

Aufgabe 15 H*. Man berechne die Ableitungen der Funktionen

$$\sinh : \mathbb{R} \longrightarrow \mathbb{R}, \quad \cosh : \mathbb{R} \longrightarrow \mathbb{R}, \quad \tanh := \frac{\sinh h}{\cosh h} : \mathbb{R} \longrightarrow \mathbb{R}.$$

Aufgabe 15 I*. Man beweise: Die Funktion $\tanh : \mathbb{R} \longrightarrow \mathbb{R}$ ist streng monoton wachsend und bildet $\mathbb{R}$ bijektiv auf $]-1,1[$ ab. Die Umkehrfunktion

$$\operatorname{Ar}\tanh :]-1,1[\longrightarrow \mathbb{R}$$

ist differenzierbar. Man berechne die Ableitung.

Aufgabe 15 J*. Es sei $D \subset \mathbb{R}$ und es seien $f,\ g : D \longrightarrow \mathbb{R}$ zwei in D n–mal differenzierbare Funktionen. Man beweise durch vollständige Induktion nach n die folgenden Beziehungen:

a) $\displaystyle \frac{d^n}{dx^n}(f(x)g(x)) = \sum_{k=0}^{n} \binom{n}{k} f^{(n-k)}(x) g^{(k)}(x)$, (Leibnizsche Formel).

b) $\displaystyle f(x)\frac{d^n g(x)}{dx^n} = \sum_{k=0}^{n} (-1)^k \binom{n}{k} \frac{d^{n-k}}{dx^{n-k}} \left(f^{(k)}(x) g(x) \right).$

Aufgabe 15 K*. Eine Funktion $f : \mathbb{R} \longrightarrow \mathbb{R}$ heißt *gerade*, wenn $f(x) = f(-x)$ für alle $x \in \mathbb{R}$, und *ungerade*, wenn $f(x) = -f(-x)$ für alle $x \in \mathbb{R}$ gilt.

a) Man zeige: Die Ableitung einer geraden (bzw. ungeraden) Funktion ist ungerade (bzw. gerade).

b) Sei $f : \mathbb{R} \longrightarrow \mathbb{R}$ die Polynomfunktion

$$f(x) = \sum_{k=0}^{n} a_k x^k = a_0 + a_1 x + \ldots + a_n x^n, \quad (a_k \in \mathbb{R}).$$

Man beweise: f ist genau dann gerade (bzw. ungerade), wenn $a_k = 0$ für alle ungeraden (bzw. geraden) Indizes k ist.

§ 16 Lokale Extrema. Mittelwertsatz. Konvexität

Aufgabe 16 A*. Es sei $n \geq 1$ eine natürliche Zahl. Man beweise, dass die Funktion $f : \mathbb{R}_+ \longrightarrow \mathbb{R}$, $f(x) = x^n e^{-x}$, an einer einzigen Stelle, nämlich bei $x = n$, ihr (absolutes) Maximum annimmt. An dieser Stelle hat f zugleich das einzige relative Maximum.

Aufgabe 16 B. Für $x \in \mathbb{R}$ sei

$$P(x) := 3 + 4(x-1)^2$$

und

$$F(x) := P(x)e^{-x^2}.$$

Man bestimme alle absoluten Extrema der Funktion $F : \mathbb{R} \longrightarrow \mathbb{R}$.

Aufgabe 16 C. Sei $f : \mathbb{R}_+^* \longrightarrow \mathbb{R}$ die durch

$$f(x) = \frac{\log x}{x}$$

definierte Funktion.

a) Man bestimme alle lokalen und absoluten Extrema von f.

b) Man bestimme die maximalen Intervalle $I \subset \mathbb{R}_+^*$, in denen f konvex bzw. konkav ist.

Aufgabe 16 D*. Das Legendresche Polynom n–ter Ordnung $P_n : \mathbb{R} \longrightarrow \mathbb{R}$ ist für alle $x \in \mathbb{R}$ definiert durch

$$P_n(x) := \frac{1}{2^n n!} \frac{d^n}{dx^n} \left[\left(x^2 - 1\right)^n \right].$$

Man beweise:

a) P_n hat genau n paarweise verschiedene Nullstellen im Intervall $]-1, 1[$.

b) P_n genügt der Differentialgleichung

$$(1 - x^2)P_n''(x) - 2xP_n'(x) + n(n+1)P_n(x) = 0$$

(Legendresche Differentialgleichung).

Aufgabe 16 E*. Man beweise, dass jede in einem offenen Intervall $D \subset \mathbb{R}$ konvexe Funktion $f : D \longrightarrow \mathbb{R}$ stetig ist.

Aufgabe 16 F. Man beweise: Eine im Intervall $I \subset \mathbb{R}$ stetige Funktion $f : I \longrightarrow \mathbb{R}$ ist genau dann konvex, wenn

$$f\left(\frac{x+y}{2}\right) \leq \frac{f(x)+f(y)}{2} \quad \text{für alle } x, y \in I.$$

Aufgabe 16 G*. Sei $\varepsilon > 0$ und $a \in \mathbb{R}$. Die Funktion

$$f :]a-\varepsilon, a+\varepsilon[\longrightarrow \mathbb{R}$$

sei zweimal differenzierbar. Man zeige

$$f''(a) = \lim_{h \to 0} \frac{f(a+h) - 2f(a) + f(a-h)}{h^2}.$$

Aufgabe 16 H*. (Verallgemeinerter Mittelwertsatz).
Seien a, $b \in \mathbb{R}$ mit $a < b$ und seien f, $g : [a,b] \longrightarrow \mathbb{R}$ zwei stetige Funktionen, die in $]a,b[$ differenzierbar sind. Man zeige: Es existiert ein $\xi \in]a,b[$, so dass

$$(f(b) - f(a))g'(\xi) = (g(b) - g(a))f'(\xi).$$

Aufgabe 16 I*. Mithilfe des verallgemeinerten Mittelwertsatzes beweise man die folgende Regel von de l' Hospital, (vgl. An.1, §16, Satz 9):

Seien a, $b \in \mathbb{R}$ mit $a < b$ und seien f, $g :]a,b[\longrightarrow \mathbb{R}$ zwei differenzierbare Funktionen. Es gelte weiter:

a) $g'(x) \neq 0$ für alle $x \in]a,b[$,

b) $\lim\limits_{x \searrow a} \dfrac{f'(x)}{g'(x)} = c \in \mathbb{R}$,

c) Entweder $\lim\limits_{x \searrow a} f(x) = \lim\limits_{x \searrow a} g(x) = 0$ oder $\lim\limits_{x \searrow a} |g(x)| = \infty$.

Man zeige

$$\lim_{x \searrow a} \frac{f(x)}{g(x)} = c.$$

Aufgabe 16 J*. Gegeben sei die Funktion $F_a(x) := (2 - a^{1/x})^x$, $(x \in \mathbb{R}_+^*)$, wobei $0 < a < 1$ ein Parameter sei. Man untersuche, ob die Grenzwerte

$$\lim_{x \searrow 0} F_a(x) \quad \text{und} \quad \lim_{x \to \infty} F_a(x)$$

existieren und berechne sie gegebenenfalls.

§ 17 Numerische Lösung von Gleichungen

Aufgabe 17 A*. Sei $k > 0$ eine natürliche Zahl. Man zeige, dass die Gleichung $x = \tan x$ im Intervall $](k - \frac{1}{2})\pi, (k + \frac{1}{2})\pi[$ genau eine Lösung ξ_k besitzt und dass die Folge $(x_n)_{n \in \mathbb{N}}$,

$$x_0 := \left(k + \frac{1}{2}\right)\pi, \quad x_{n+1} := k\pi + \arctan x_n \quad \text{für } n \in \mathbb{N},$$

gegen ξ_k konvergiert. Man berechne ξ_k mit einer Genauigkeit von 10^{-6} für die Fälle $k = 1, 2, 3$.

Aufgabe 17 B*. Man berechne alle reellen Nullstellen des Polynoms

$$f(x) = x^5 - x - \frac{1}{5}$$

mit einer Genauigkeit von 10^{-6}.

Aufgabe 17 C. Man zeige: Für jedes $n \in \mathbb{N}$ und jedes $a \in \mathbb{R}$ hat das Polynom

$$f(x) = x^{2n+1} + x - a$$

genau eine reelle Nullstelle. Man berechne diese Nullstelle für $n = 3$, $a = 10$ mit einer Genauigkeit von 10^{-6}.

Aufgabe 17 D*. Man bestimme alle reellen Lösungen der Gleichung

$$x^2 + \cos(\pi x) = 0$$

mit einer Genauigkeit von 10^{-6}.

Aufgabe 17 E. Man beweise, dass die Gleichung $2^x = 3x$ genau zwei reelle Lösungen hat und berechne sie mit einer Genauigkeit von 10^{-6}.

Aufgabe 17 F*. Es seien $a, b \in \mathbb{R}$ mit $a < b$ und es sei $f : [a, b] \longrightarrow \mathbb{R}$ eine auf dem Intervall $[a, b]$ stetige, streng monoton wachsende Funktion mit

$$f(a) > a, \quad f(b) < b.$$

Man beweise: Die beiden Folgen $(x_n)_{n\in\mathbb{N}}, (y_n)_{n\in\mathbb{N}}$, definiert durch

$$\begin{aligned} x_0 &:= a, \; x_{n+1} := f(x_n) \;\text{ für } n \in \mathbb{N}, \\ y_0 &:= b, \; y_{n+1} := f(y_n) \;\text{ für } n \in \mathbb{N}, \end{aligned}$$

konvergieren jeweils gegen eine Lösung der Gleichung $f(x) = x$.

Aufgabe 17 G*. Es sei eine reelle Zahl $\alpha > 0$ gegeben. Man zeige: Für jedes $p \in \,]0, 1[$ besitzt die Gleichung

$$(1 + x)e^{-\alpha x} = p$$

auf $\mathbb{R}_+^*$ genau eine Lösung $x_\alpha(p)$. Man beweise

$$\lim_{p \searrow 0} \frac{x_\alpha(p)}{\frac{1}{\alpha}\log\frac{1}{p}} = 1.$$

Man berechne $x_1(p)$ für $p = 1, \frac{1}{2}, \frac{1}{10}, \frac{1}{100}$ mit einer Genauigkeit von 10^{-6}.

Aufgabe 17 H*. Man leite eine weitere hinreichende Bedingung für die Konvergenz des Newton–Verfahrens zur Lösung von $f(x) = 0$ her, indem man auf die Funktion

$$F(x) := x - \frac{f(x)}{f'(x)}$$

An. 1, Satz 1 aus §17 anwende.

Aufgabe 17 I*. Sei $a > 0$ vorgegeben. Die Folge $(a_n)_{n\in\mathbb{N}}$ werde rekursiv definiert durch

$$a_0 := a, \quad a_{n+1} := a^{a_n} \quad \text{für } n \in \mathbb{N}.$$

a) Man zeige: Die Folge $(a_n)_{n\in\mathbb{N}}$ konvergiert für $1 \leq a \leq e^{1/e}$ und divergiert für $a > e^{1/e}$.

b) Man bestimme den (exakten) Wert von $\lim_{n\to\infty} a_n$ für $a = e^{1/e}$ und eine numerische Näherung (mit einer Genauigkeit von 10^{-6}) von $\lim_{n\to\infty} a_n$ für $a = \frac{6}{5}$.

c) Wie ist das Konvergenzverhalten der Folge für einen Anfangswert $a \in]0,1[$?

§ 18 Das Riemannsche Integral

Aufgabe 18 A*. Man berechne das Integral

$$\int_0^a x^k\,dx, \qquad (k \in \mathbb{N},\ a \in \mathbb{R}_+^*),$$

mittels Riemannscher Summen. Dabei benutze man eine äquidistante Teilung des Intervalls $[0,a]$.

Aufgabe 18 B*. Man berechne das Integral

$$\int_1^a \frac{dx}{x}, \qquad (a > 1),$$

mittels Riemannscher Summen.

(*Anleitung:* Man wähle folgende Unterteilung:

$$1 = x_0 < x_1 < \ldots < x_n = a, \text{ wobei } x_k := a^{k/n} \text{ für } k \in \{0,\ldots,n\}.$$

Als Stützstellen wähle man $\xi_k := x_{k-1}$ für alle $k \in \{1,\ldots,n\}$.)

Aufgabe 18 C. Man berechne das Integral

$$\int_1^a \log x\,dx, \qquad (a > 1),$$

mittels Riemannscher Summen.

(*Anleitung:* Man verwende dieselbe Unterteilung wie in Aufgabe 18 B.)

Aufgabe 18 D*. Seien $a,b \in \mathbb{R}$ mit $a \leq b$ und sei $f : [a,b] \longrightarrow \mathbb{R}$ eine Riemann–integrierbare Funktion. Es gebe ein $\delta > 0$, so dass $f(x) \geq \delta$ für alle $x \in [a,b]$. Man zeige: Die Funktion $\frac{1}{f}$ ist Riemann–integrierbar.

Aufgabe 18 E. Seien $a,b \in \mathbb{R}$ mit $a \leq b$. Weiter sei $f : [a,b] \longrightarrow \mathbb{R}$ eine Riemann–integrierbare Funktion und $[A,B] \subset \mathbb{R}$ ein beschränktes Intervall mit

$$f([a,b]) \subset [A,B].$$

Man zeige: Für jede stetig differenzierbare Funktion $\varphi : [A,B] \longrightarrow \mathbb{R}$ ist die Funktion

$$\varphi \circ f : [a,b] \longrightarrow \mathbb{R}$$

wieder Riemann–integrierbar

Aufgabe 18 F. Seien $a, b \in \mathbb{R}$ mit $a \leq b$. Eine komplexwertige Funktion

$$f = f_1 + if_2 : [a,b] \longrightarrow \mathbb{C}, \quad (f_1, f_2 : [a,b] \longrightarrow \mathbb{R}),$$

heißt Riemann–integrierbar, wenn sowohl f_1 als auch f_2 Riemann–integrierbar sind, und man setzt

$$\int_a^b f(x)\,dx := \int_a^b f_1(x)\,dx + i \int_a^b f_2(x)\,dx.$$

Man zeige: Ist $f : [a,b] \longrightarrow \mathbb{C}$ Riemann–integrierbar, so ist auch $|f|$ Riemann–integrierbar und es gilt

$$\left| \int_a^b f(x)\,dx \right| \leq \int_a^b |f(x)|\,dx.$$

Aufgabe 18 G*. Die Funktion $f : [0,1] \longrightarrow \mathbb{R}$ sei für alle $x \in [0,1]$ definiert durch

$$f(x) := \begin{cases} 0, & \text{falls } x \text{ irrational ist,} \\ \frac{1}{q}, & \text{falls } x = \frac{p}{q} \text{ mit teilerfremden } p,q \in \mathbb{N},\ q \geq 1. \end{cases}$$

Man zeige, dass f Riemann–integrierbar ist mit

$$\int_0^1 f(x)\,dx = 0.$$

§ 19 Integration und Differentiation

Aufgabe 19 A*. Seien $a, b \in \mathbb{R}_+^*$. Man berechne den Flächeninhalt der Ellipse

$$E := \left\{(x,y) \in \mathbb{R}^2 : \frac{x^2}{a^2} + \frac{y^2}{b^2} \leq 1\right\}.$$

Aufgabe 19 B. Man berechne den Flächeninhalt der Menge

$$S := \{(x,y) \in \mathbb{R}^2 : 0 \leq x \leq \pi, \ 0 \leq y \leq \sin x\}.$$

Aufgabe 19 C*. Man berechne die bestimmten Integrale

$$\int_0^{2\pi} x \cos x \, dx, \qquad \int_0^{\pi} x \sin x \, dx.$$

Aufgabe 19 D*. Man berechne das unbestimmte Integral

$$\int \frac{dx}{ax^2 + bx + c}.$$

Dabei sind a, b, $c \in \mathbb{R}$. Man gebe den Definitionsbereich in Abhängigkeit von a, b, c an.

Aufgabe 19 E*. Man berechne das Integral

$$\int \frac{dx}{1 + x^4}$$

mittels Partialbruchzerlegung.

Aufgabe 19 F*. Man berechne die folgenden Integrale:

a) $\int x^2 e^{\lambda x} \, dx, \quad (\lambda \in \mathbb{R}),$

b) $\int x^2 \cos x \, dx,$

c) $\int e^{-x} \cos(5x)\, dx.$

Aufgabe 19 G. Man berechne die folgenden Integrale:

a) $\int x^2 \sin(2x)\, dx,$

b) $\int \cos x \sin(2x)\, dx,$

c) $\int x^3 e^{-x^2}\, dx.$

Aufgabe 19 H. Man berechne die folgenden Integrale:

a) $\int \sqrt{x^2 + a^2}\, dx, \quad (a > 0),$

b) $\int \sqrt{1 - x + x^2}\, dx,$

c) $\int \frac{\sqrt{1 + x^2}}{x}\, dx, \quad (x > 0).$

Aufgabe 19 I. Man berechne die folgenden Integrale und gebe den jeweiligen Definitionsbereich an:

a) $\int \sqrt{4 + 3x - x^2}\, dx,$

b) $\int x\sqrt{x^2 - 3x - 4}\, dx,$

c) $\int x\sqrt{1 + x^2}\, dx.$

Aufgabe 19 J. Man berechne die folgenden Integrale und gebe den jeweiligen Definitionsbereich an:

a) $\int \log(2-x^2)\,dx$,

b) $\int x\log(2-x^2)\,dx$.

Aufgabe 19 K. Man bestimme eine Rekursionsformel für die Integrale

$$I_m(x) := \int_0^x \tan^m u\,du, \quad |x| < \frac{\pi}{2}, m \in \mathbb{N}.$$

Aufgabe 19 L. Man berechne die folgenden Integrale und gebe den jeweiligen Definitionsbereich an:

a) $\int \frac{dx}{\sin x}$,

b) $\int \frac{dx}{\sin x + \cos x}$.

(*Hinweis:* Man verwende die Substitution $u = \tan\frac{x}{2}$ und Aufgabe 14 G.)

Aufgabe 19 M. Man berechne die folgenden Integrale und gebe den jeweiligen Definitionsbereich an:

a) $\int \frac{dx}{\cos x}$,

b) $\int \frac{dx}{\sin x \cos(2x)}$.

Aufgabe 19 N. Man berechne das Integral

$$\int |x|\,dx.$$

Aufgabe 19 O. Es seien P_n die Legendre–Polynome

$$P_n(x) := \frac{1}{2^n n!}\frac{d^n}{dx^n}(x^2-1)^n,$$

vgl. Aufgabe 16 D. Man beweise mittels partieller Integration:

a) $\displaystyle\int_{-1}^{1} P_n(x)P_m(x)\,dx = 0$ für alle $n, m \in \mathbb{N}$ mit $n \neq m$.

b) $\displaystyle\int_{-1}^{1} P_n(x)^2\,dx = \frac{2}{2n+1}$ für alle $n \in \mathbb{N}$.

Aufgabe 19 P. Es sei n eine natürliche Zahl. Man beweise die folgenden Aussagen:

a) Jedes Polynom f vom Grad $\leq n$ läßt sich wie folgt als Linearkombination der Legendre–Polynome P_k darstellen:

$$f(x) = \sum_{k=0}^{n} c_k P_k(x),$$

wobei für $k \in \{0, \ldots, n\}$

$$c_k = \frac{2n+1}{2}\int_{-1}^{1} f(x)P_k(x)\,dx.$$

b) Für jedes Polynom g vom Grad $< n$ gilt

$$\int_{-1}^{1} g(x)P_n(x)\,dx = 0.$$

Aufgabe 19 Q. Sei $N \geq 1$ eine vorgegebene natürliche Zahl und $x_1, \ldots, x_N \in \mathbb{R}$ seien die Nullstellen des Legendre–Polynoms P_N. (Die Existenz ist nach Aufgabe 16 D gesichert.)

a) Man zeige: Ist f ein Polynom vom Grad $\leq (2N-1)$ mit

$$f(x_n) = 0 \quad \text{für } n = 1, \ldots, N,$$

so gilt

$$\int_{-1}^{1} f(x)\, dx = 0.$$

b) Sei L_n das Legendre–Interpolationspolynom

$$L_n(x) := \prod_{\substack{k=1 \\ k \neq n}}^{N} \frac{x - x_k}{x_n - x_k}$$

und

$$\gamma_n := \int_{-1}^{1} L_n(x)\, dx.$$

Man zeige: Für jedes Polynom f vom Grad $\leq (2N-1)$ gilt

$$\int_{-1}^{1} f(x)\, dx = \sum_{n=1}^{N} \gamma_n f(x_n)$$

(Gaußsche Quadraturformel).

c) Man berechne die γ_n und x_n für die Fälle $N = 1, 2, 3$.

Aufgabe 19 R. Sei $f : [a,b] \longrightarrow \mathbb{R}$ eine zweimal stetig differenzierbare Funktion, $M := \sup\{|f''(x)| : a \leq x \leq b\}$. Ferner sei $n > 0$ eine natürliche Zahl, $h := \frac{b-a}{n}$, $x_k := a + \left(k - \frac{1}{2}\right) h$, $k = 1, \ldots, n$ und

$$S_n(f) = \sum_{k=1}^{n} f(x_k) h.$$

Man zeige

$$\left| \int_a^b f(x)\,dx - S_n(f) \right| \le (b-a)\frac{M}{24}h^2.$$

(*Anleitung:* Man beweise dazu die Abschätzung

$$|f(x_k+\xi) - f(x_k) - f'(x_k)| \le \frac{M}{24}\xi^2$$

für alle $\xi \in \mathbb{R}$ mit $|\xi| \le \frac{h}{2}$ und alle $k \in \{1, \dots, n\}$.)

Aufgabe 19 S*. Man beweise die *Keplersche Fassregel*:
Für jede 4-mal stetig differenzierbare Funktion $f : [-1,1] \to \mathbb{R}$ gilt

$$\int_{-1}^{1} f(x)\,dx = \frac{1}{3}\big(f(-1) + 4f(0) + f(1)\big) + R.$$

Dabei gilt für den Rest R

$$R = \int_{-1}^{1} f^{(4)}(x)\psi(x)\,dx = -\frac{1}{90}f^{(4)}(\xi) \quad \text{für ein } \xi \in [-1,1]$$

mit der wie folgt definierten Funktion $\psi : \mathbb{R} \to \mathbb{R}$

$$\psi(x) := \tfrac{1}{18}(|x|-1)^3 + \tfrac{1}{24}(|x|-1)^4.$$

§ 20 Uneigentliche Integrale. Die Gamma–Funktion

Aufgabe 20 A. Man untersuche das Konvergenzverhalten der folgenden Reihen:

a) $\displaystyle\sum_{k=2}^{\infty} \frac{1}{k \log k}$,

b) $\displaystyle\sum_{k=2}^{\infty} \frac{1}{k(\log k)^2}$.

Aufgabe 20 B*. Sei

$$C_N := \sum_{n=1}^{N} \frac{1}{n} - \log N.$$

a) Man zeige $0 < C_N < 1$ für alle $N > 1$.

b) Man beweise, dass der Limes

$$C := \lim_{N\to\infty} C_N$$

existiert.

Bemerkung. Die Zahl C heißt „Euler–Mascheronische Konstante“; es gilt

$$C = 0.577\,215\,66\ldots.$$

Aufgabe 20 C*. Man beweise für $x > 0$ die Produktdarstellung

$$\frac{1}{\Gamma(x)} = xe^{Cx}\prod_{n=1}^{\infty}\left(1+\frac{x}{n}\right)e^{-x/n},$$

wobei C die Euler–Mascheronische Konstante ist.

Aufgabe 20 D*. Man beweise die asymptotische Beziehung

$$\frac{1}{2^{2n}}\binom{2n}{n} \sim \frac{1}{\sqrt{\pi n}}.$$

Aufgabe 20 E*. Man zeige, dass für alle $x, y \in \mathbb{R}_+^*$ das uneigentliche Integral

$$B(x,y) := \int_0^1 t^{x-1}(1-t)^{y-1}\,dt$$

konvergiert (Eulersche Beta–Funktion).

Aufgabe 20 F.

a) Man zeige, dass für jedes $m \in \mathbb{N}$ das folgende uneigentliche Integral existiert und den angegebenen Wert hat.

$$\int_{-1}^{1}\frac{x^{2m}}{\sqrt{1-x^2}}\,dx = \frac{1}{2^{2m}}\binom{2m}{m}\pi.$$

b) Man zeige

$$\int_{-1}^{1} \frac{x^{2m}}{\sqrt{1-x^2}}\,dx = B(m+\tfrac{1}{2},\tfrac{1}{2}).$$

Aufgabe 20 G. Für welche $\alpha, \beta \in \mathbb{R}$ konvergiert das uneigentliche Integral

$$\int_{0}^{\infty} x^{\alpha} e^{-x^{\beta}}\,dx.$$

Gegebenenfalls berechne man den Wert des Integrals (durch Zurückführung auf die Γ-Funktion).

§ 21 Gleichmäßige Konvergenz von Funktionenfolgen

Aufgabe 21 A*. Für $n \geq 1$ sei

$$f_n : \mathbb{R}_+ \longrightarrow \mathbb{R}, \qquad f_n(x) := \frac{x}{n^2} e^{-x/n}.$$

Man zeige, dass die Folge (f_n) auf $\mathbb{R}_+$ gleichmäßig gegen 0 konvergiert, aber

$$\lim_{n\to\infty} \int_{0}^{\infty} f_n(x)\,dx = 1.$$

Aufgabe 21 B*. Man berechne für $x \in \mathbb{R}$ die Summen der Reihen

$$\sum_{n=1}^{\infty} \frac{\sin nx}{n^3} \quad \text{und} \quad \sum_{n=1}^{\infty} \frac{\cos nx}{n^4}.$$

Aufgabe 21 C. Für $|x| < 1$ berechne man die Summen der Reihen

$$\sum_{n=1}^{\infty} n^2 x^n, \quad \sum_{n=1}^{\infty} n^3 x^n \quad \text{und} \quad \sum_{n=1}^{\infty} \frac{x^n}{n}.$$

Aufgabe 21 D*. Sei $f_n : [a,b] \longrightarrow \mathbb{R}$, $n \in \mathbb{N}$, eine Folge stetiger Funktionen auf dem abgeschlossenen Intervall $[a,b] \subset \mathbb{R}$ mit

$$f_n(x) \geq f_{n+1}(x) \quad \text{für alle } x \in [a,b] \text{ und } n \in \mathbb{N}.$$

Es gelte $\lim\limits_{n\to\infty} f_n(x) = 0$ für alle $x \in [a,b]$. Man zeige: Die Folge (f_n) konvergiert auf $[a,b]$ gleichmäßig gegen 0.

Aufgabe 21 E. Sei $(a_n)_{n\geq 1}$ eine Folge reeller Zahlen. Die Reihe

$$f(x) = \sum_{n=1}^{\infty} \frac{a_n}{n^x}$$

konvergiere für ein $x_0 \in \mathbb{R}$. Man zeige: Die Reihe konvergiert gleichmäßig auf dem Intervall $[x_0, \infty[$.

§ 22 Taylor–Reihen

Aufgabe 22 A*. Man bestimme die Taylor–Reihe der Funktion $x \longmapsto x^\alpha$ mit Entwicklungspunkt $a \in \mathbb{R}_+^*$.

Aufgabe 22 B. Man bestimme die Taylor–Reihen der Funktionen sin und cos mit einem beliebigen Entwicklungspunkt $a \in \mathbb{R}$.

Aufgabe 22 C*. Man berechne den Anfang der Taylor–Reihe der Funktion $f :]-2,2[\to \mathbb{R}$,

$$f(x) := \frac{\sin x}{2+x},$$

mit Entwicklungspunkt 0 bis einschließlich des Gliedes 5. Ordnung.

Aufgabe 22 D. Durch Integration der Taylor–Reihe der Ableitung von $\arcsin : [-1,1] \longrightarrow \mathbb{R}$ bestimme man die Taylor–Reihe der Funktion arcsin mit Entwicklungspunkt 0.

Aufgabe 22 E*. Sei p eine natürliche Zahl mit $1 \leq p \leq n+1$. Man beweise für das Restglied R_{n+1} der Taylorschen Formel (An. 1, §22, Satz 1): Es gibt ein ξ zwischen a und x, so dass

$$R_{n+1}(x) = \frac{f^{(n+1)}(\xi)}{p \cdot n!}(x-\xi)^{n+1-p}(x-a)^p.$$

(Dies ist das sogenannte Schlömilchsche Restglied.)

Aufgabe 22 F. Für einen reellen Parameter k mit $|k| < 1$ heißt

$$E(k) := \int_0^{\pi/2} \frac{dt}{\sqrt{1 - k^2 \sin^2 t}}$$

vollständiges elliptisches Integral 1. Gattung. Man entwickle $E(k)$ als Funktion von k in eine Taylor–Reihe, indem man

$$\frac{1}{\sqrt{1 - k^2 \sin^2 t}}$$

durch die Binomische Reihe darstelle.

Aufgabe 22 G*. Man beweise die Funktionalgleichung des Arcus–Tangens: Für $x, y \in \mathbb{R}$ mit $|\arctan x + \arctan y| < \frac{\pi}{2}$ gilt

$$\arctan x + \arctan y = \arctan \frac{x+y}{1-xy}.$$

Man folgere hieraus die „Machinsche Formel"

$$\frac{\pi}{4} = 4 \arctan \frac{1}{5} - \arctan \frac{1}{239}$$

und die Reihenentwicklung

$$\frac{\pi}{4} = \frac{4}{5} \sum_{k=0}^{\infty} \frac{(-1)^k}{2k+1} \left(\frac{1}{5}\right)^{2k} - \frac{1}{239} \sum_{k=0}^{\infty} \frac{(-1)^k}{2k+1} \left(\frac{1}{239}\right)^{2k}.$$

Welche Glieder muss man berücksichtigen, um π mit einer Genauigkeit von 10^{-12} zu berechnen?

Aufgabe 22 H. Man zeige

$$\log 3 = 2 \log \frac{3}{2} + \log \frac{4}{3} = 2 \log \frac{1 + 1/5}{1 - 1/5} + \log \frac{1 + 1/7}{1 - 1/7}$$

und benütze diese Identität, um eine schnell konvergierende Reihe für $\log 3$ abzuleiten. Man gebe geeignete Restglied–Abschätzungen für die Berechnung von $\log 3$ auf 10 (100, 1000, ...) Dezimalstellen.

§ 23 Fourier–Reihen

Aufgabe 23 A. Man berechne die Fourier–Reihe der periodischen Funktion $f : \mathbb{R} \longrightarrow \mathbb{R}$ mit

$$f(x) = |x| \qquad \text{für } -\pi \leq x \leq \pi.$$

Aufgabe 23 B*. Man berechne die Fourier–Reihe der Funktion

$$f(x) = |\sin x|.$$

Aufgabe 23 C. Man beweise: Ist $f : \mathbb{R} \longrightarrow \mathbb{R}$ eine gerade (bzw. ungerade) periodische Funktion, so hat die Fourier–Reihe von f die Gestalt

$$\frac{a_0}{2} + \sum_{k=1}^{\infty} a_k \cos kx \qquad \left(\text{bzw. } \sum_{k=1}^{\infty} b_k \sin kx\right).$$

Aufgabe 23 D.

a) Man zeige: Jede stetige Funktion $f : \mathbb{R} \longrightarrow \mathbb{R}$ läßt sich gleichmäßig durch stetige, stückweise lineare periodische Funktionen approximieren. Dabei heißt eine stetige periodische Funktion $\varphi : \mathbb{R} \longrightarrow \mathbb{R}$ stückweise linear, wenn es eine Unterteilung

$$0 = t_0 < t_1 < \ldots < t_r = 2\pi$$

von $[0, 2\pi]$ und Konstanten α_j, β_j gibt, so dass für $j = 1, \ldots, r$ gilt

$$\varphi(x) = \alpha_j x + \beta_j \qquad \text{für } t_{j-1} \leq x \leq t_j.$$

b) Man beweise mit Teil a) und An. 1, §23, Satz 3, dass sich jede stetige periodische Funktion $f : \mathbb{R} \longrightarrow \mathbb{C}$ gleichmäßig durch trigonometrische Polynome approximierten läßt (Weierstraßscher Approximationssatz für periodische Funktionen).

Aufgabe 23 E. Man beweise: Jede stetige Funktion $f : [0, 1] \longrightarrow \mathbb{C}$ läßt sich gleichmäßig durch Polynome approximieren (Weierstraßscher Approximationssatz).

Anleitung. Man konstruiere eine stetige periodische Funktion $F : \mathbb{R} \longrightarrow \mathbb{C}$ mit $F \mid [0, 1] = f$, approximiere F nach Aufgabe 23 D b) durch trigonometrische Polynome und entwickle diese in ihre Taylor–Reihe.

Aufgabe 23 F*. Mithilfe von Aufgabe 21 B beweise man die Formel

$$\sum_{k=1}^{\infty} \frac{1}{k^6} = \frac{\pi^6}{945}.$$

Aufgabe 23 G*. Man berechne die Fourier–Reihe der periodischen Funktion $f : \mathbb{R} \longrightarrow \mathbb{R}$ mit

$$f(x) = x \quad \text{für } 0 \leq x < 2\pi.$$

Man zeige, dass die Fourier–Reihe in jedem Intervall $[\varepsilon, 2\pi - \varepsilon]$, $\varepsilon > 0$, gleichmäßig gegen f konvergiert.

Aufgabe 23 H*. Sei $a \in \mathbb{R} \setminus \mathbb{Z}$ und $f : \mathbb{R} \longrightarrow \mathbb{C}$ die periodische Funktion mit

$$f(x) = e^{iax} - \frac{e^{2\pi i a} - 1}{2\pi} x \quad \text{für } 0 \leq x < 2\pi.$$

a) Man berechne die Fourier–Reihe von f und zeige, dass sie gleichmäßig gegen f konvergiert.

b) Man beweise für $x \in \mathbb{R} \setminus \mathbb{Z}$ die Formel

$$\pi \cot \pi x = \frac{1}{x} + \sum_{n=1}^{\infty} \frac{2x}{x^2 - n^2}.$$

Anleitung: Man betrachte die obige Fourier–Reihe an der Stelle $x = 0$.

Aufgabe 23 I*.

a) Man zeige: Es gibt eindeutig bestimmte Polynome $\beta_n(x)$, $n \in \mathbb{N}$, mit folgenden Eigenschaften:

   i) $\beta_0(x) = 1$,

   ii) $\beta_n'(x) = \beta_{n-1}(x)$ für alle $n \geq 1$,

   iii) $\int_0^1 \beta_n(x)dx = 0$ für alle $n \geq 1$.

b) Die Polynome $B_n(x) := n!\beta_n(x)$ heißen *Bernoulli-Polynome*, die Zahlen $B_n := B_n(0)$ heißen *Bernoulli-Zahlen*.
Man berechne die Bernoulli-Zahlen und -Polynome für $n \leq 6$.

c) Für alle $m \geq 1$ und $0 < x < 1$ gilt

$$\beta_m(x) = \begin{cases} (-1)^{(m+1)/2}\, 2 \sum_{n=1}^{\infty} \frac{\sin(2\pi n x)}{(2\pi n)^m} & \text{falls } m \text{ ungerade,} \\ (-1)^{m/2+1}\, 2 \sum_{n=1}^{\infty} \frac{\cos(2\pi n x)}{(2\pi n)^m} & \text{falls } m \text{ gerade.} \end{cases}$$

Falls $m \geq 2$, gilt diese Beziehung sogar für alle $x \in [0, 1]$.

d) Für alle $k \geq 1$ finde man Formeln für die Summen

$$\sum_{n=1}^{\infty} \frac{1}{n^{2k}}$$

mithilfe der Bernoulli-Zahlen.

Teil II

Lösungen

§ 1 Vollständige Induktion

Aufgabe 1 A. Wir halten k fest und beweisen die Behauptung durch vollständige Induktion nach $n \geq k$.

Induktionsanfang: $n = k$.

Es gilt

$$\sum_{m=k}^{k} \binom{m}{k} = \binom{k}{k} = 1 = \binom{k+1}{k+1}.$$

Induktionsschritt: $n \longrightarrow n+1$.

Es gelte die Behauptung für ein beliebiges $n \in \mathbb{N}$ mit $n \geq k$, dann ist

$$\binom{n+2}{k+1} = \sum_{m=k}^{n+1} \binom{m}{k}$$

zu bestätigen. Nun gilt nach Induktionsvoraussetzung (IV)

$$\begin{aligned} \sum_{m=k}^{n+1} \binom{m}{k} &= \sum_{m=k}^{n} \binom{m}{k} + \binom{n+1}{k} \\ &\overset{\text{(IV)}}{=} \binom{n+1}{k+1} + \binom{n+1}{k} \\ &= \binom{n+2}{k+1}, \end{aligned}$$

wobei im letzten Schritt An. 1, §1, Hilfssatz zu Satz 4 verwendet wurde. Damit ist die Induktionsbehauptung bewiesen.

Aufgabe 1 C. Die Aufgabe erinnert etwas an den Binomischen Lehrsatz (An. 1, §1, Satz 5). Man kann diese Analogie noch stärker sichtbar machen, indem man folgendes Symbol einführt: Für eine reelle Zahl x und eine natürliche Zahl n sei

$$x^{[n]} := \prod_{j=1}^{n} (x - j + 1) = x(x-1) \cdot \ldots \cdot (x - n + 1)$$

die *fallende Fakultät von x mit n Faktoren* (oder auch *verallgemeinerte Potenz von x*). Damit wird dann

$$\binom{x+y}{n} = \frac{1}{n!}(x+y)^{[n]},$$

$$\binom{x}{n-k}\binom{y}{k} = \frac{1}{(n-k)!k!}x^{[n-k]}y^{[k]}.$$

Wegen $\binom{n}{k} = \frac{n!}{(n-k)!k!}$ ist deshalb die Behauptung der Aufgabe gleichbedeutend mit

(1) $$(x+y)^{[n]} = \sum_{k=0}^{n} \binom{n}{k} x^{[n-k]}y^{[k]}.$$

Diese Formel kann jetzt in völliger Analogie zum Binomischen Lehrsatz durch vollständige Induktion nach n bewiesen werden.

Induktionsanfang: $n = 0$.

Klar, beide Seiten der Gleichung (1) haben den Wert 1.

Induktionsschritt: $n \longrightarrow n+1$.

$$\begin{aligned}
(x+y)^{[n+1]} &= (x+y)^{[n]}(x+y-n) \\
&\overset{\text{(IV)}}{=} \sum_{k=0}^{n} \left\{ \binom{n}{k} x^{[n-k]}y^{[k]} \right\} \{(x-n+k)+(y-k)\} \\
&= \sum_{k=0}^{n} \binom{n}{k} x^{[n+1-k]}y^{[k]} + \sum_{k=0}^{n} \binom{n}{k} x^{[n-k]}y^{[k+1]} \\
&= \left(x^{[n+1]} + \sum_{k=1}^{n} \binom{n}{k} x^{[n+1-k]}y^{[k]} \right) + \left(\sum_{k=0}^{n-1} \binom{n}{k} x^{[n-k]}y^{[k+1]} + y^{[n+1]} \right) \\
&= x^{[n+1]} + \sum_{k=1}^{n} \binom{n}{k} x^{[n+1-k]}y^{[k]} + \sum_{k=1}^{n} \binom{n}{k-1} x^{[n+1-k]}y^{[k]} + y^{[n+1]} \\
&= x^{[n+1]} + \sum_{k=1}^{n} \left\{ \binom{n}{k} + \binom{n}{k-1} \right\} x^{[n+1-k]}y^{[k]} + y^{[n+1]} \\
&= \sum_{k=0}^{n+1} \binom{n+1}{k} x^{[n+1-k]}y^{[k]}.
\end{aligned}$$

Bemerkung: Setzt man in der Formel für x und y natürliche Zahlen N und M ein, so besitzt die Formel

(2) $$\binom{N+M}{n} = \sum_{k=0}^{n} \binom{N}{n-k}\binom{M}{k}$$

eine kombinatorische Interpretation und einen entsprechenden Beweis. Wir denken uns eine $(N+M)$–elementige Menge

$$S = \{A_1, \ldots, A_N, B_1, \ldots, B_M\},$$

die aus zwei Sorten von Elementen besteht. Die Anzahl aller n–elementigen Teilmengen von S ist nach An. 1, §1, Satz 4, gleich $\binom{N+M}{n}$. Die n–elementigen Teilmengen von S zerfallen in $n+1$ Klassen $K_0, \ldots, K_n$: Die Klasse K_k besteht aus denjenigen Teilmengen von S, die $n-k$ Elemente aus $\{A_1, \ldots, A_N\}$ und k Elemente aus $\{B_1, \ldots, B_M\}$ enthalten. Deshalb ist die Anzahl der Teilmengen der Klasse K_k gleich

$$\binom{N}{n-k}\binom{M}{k}$$

und durch Aufsummieren ergibt sich die Formel (2).

Aufgabe 1 F. Aus dem Binomischen Lehrsatz folgt für alle natürlichen Zahlen $n \geq 1$

$$\begin{aligned} 2^{2n} &= (1+1)^{2n} = \sum_{k=0}^{2n} \binom{2n}{k}, \\ 0 &= (1-1)^{2n} = \sum_{k=0}^{2n} \binom{2n}{k} (-1)^k. \end{aligned}$$

Bei Addition heben sich die Glieder mit ungeradem k weg, und man erhält

$$2^{2n} = 2 \sum_{k=0}^{n} \binom{2n}{2k}.$$

Bemerkung: Für $n = 0$ gilt die bewiesene Formel nicht, da $(1-1)^0 = 1$, denn man definiert $x^0 = 1$ für jede reelle Zahl x (und damit auch für 0).

Aufgabe 1 I. Die Zahl $\binom{n+k-1}{k}$ ist gleich der Anzahl aller k–elementigen Teilmengen einer Menge von $N := n+k-1$ Elementen. Die Beweisidee besteht darin, die Behauptung auf diese bekannte Aussage zurückzuführen.

Die Anzahl aller k–elementigen Teilmengen einer N–elementigen Menge ist gleich der Anzahl aller k–Tupel $(b_1, \ldots, b_k) \in \mathbb{N}^k$ mit

$$(1) \qquad 1 \leq b_1 < b_2 < \ldots < b_k \leq N = n+k-1.$$

Jedem solchen k–Tupel ordnen wir ein k–Tupel $(a_1,\ldots,a_k) \in \mathbb{N}^k$ durch die Vorschrift $a_j := b_j - j + 1$ für alle $j \in \{1,\ldots,k\}$ zu. Dies erfüllt dann die Bedingung

(2) $$1 \leq a_1 \leq a_2 \leq \ldots \leq a_k \leq n.$$

Umgekehrt entsteht jedes k–Tupel $(a_1,\ldots,a_k) \in \mathbb{N}^k$, das der Bedingung (2) genügt, auf diese Weise aus genau einem k–Tupel $(b_1,\ldots,b_k) \in \mathbb{N}^k$, das der Bedingung (1) genügt. Deshalb ist auch die Anzahl aller k–Tupel $(a_1,\ldots,a_k) \in \mathbb{N}^k$ mit (2) gleich

$$\binom{N}{k} = \binom{n+k-1}{k}.$$

Aufgabe 1 O. Die Summenformeln für die 0–ten bis 3–ten Potenzen lauten:

$$\sum_{k=1}^{n} k^0 = n, \qquad \sum_{k=1}^{n} k^1 = \frac{1}{2}n^2 + \frac{1}{2}n,$$

$$\sum_{k=1}^{n} k^2 = \frac{1}{3}n^3 + \frac{1}{2}n^2 + \frac{1}{6}n, \quad \sum_{k=1}^{n} k^3 = \frac{1}{4}n^4 + \frac{1}{2}n^3 + \frac{1}{4}n^2,$$

vgl. An. 1, §1, Satz 1 und Aufgabe 1 N.

Es ist deshalb nicht verwunderlich, dass auch für die r–ten Potenzen eine Summenformel dieser Art existiert. (Der Koeffizient $\frac{1}{r+1}$ bei n^{r+1} hängt zusammen mit der Integralformel

$$\int x^r\,dx = \frac{1}{r+1}x^{r+1},$$

vgl. Aufgabe 18 B.)

Wir beweisen die allgemeine Formel durch vollständige Induktion nach r.

Induktionsanfang: $r = 0$.

Klar, siehe obige Vorbetrachtungen.

Induktionsschritt:

Es sei die Formel bereits bis zur $(r-1)$–ten Potenz bewiesen. Wir gehen aus von der aus dem Binomischen Lehrsatz folgenden Formel

$$\begin{aligned}(k-1)^{r+1} &= \sum_{s=0}^{r+1}\binom{r+1}{s}(-1)^s k^{r+1-s}\\ &= k^{r+1} - (r+1)k^r + \sum_{s=2}^{r+1}\binom{r+1}{s}(-1)^s k^{r+1-s}.\end{aligned}$$

Daraus folgt

$$(1) \qquad k^{r+1} - (k-1)^{r+1} = (r+1)k^r + \sum_{s=0}^{r-1} b_{rs} k^s,$$

mit

$$b_{rs} := (-1)^{r-s} \binom{r+1}{s},$$

wobei uns aber für den Beweis nicht die genaue Gestalt der b_{rs} interessiert, sondern allein die Tatsache, dass sie nur von r und s abhängige rationale Zahlen sind. Wegen

$$\sum_{k=1}^{n} \left(k^{r+1} - (k-1)^{r+1}\right) = \sum_{k=1}^{n} k^{r+1} - \sum_{k=0}^{n-1} k^{r+1} = n^{r+1}$$

folgt aus (1) durch Aufsummieren

$$n^{r+1} = (r+1) \sum_{k=1}^{n} k^r + \sum_{s=0}^{r-1} b_{rs} \sum_{k=1}^{n} k^s.$$

Auf die Summen $\sum_{k=1}^{n} k^s$ für $s \in \{0, \dots, r-1\}$ können wir nun die Induktionsvoraussetzung anwenden und erhalten

$$\sum_{s=0}^{r-1} b_{rs} \sum_{k=1}^{n} k^s = \sum_{l=1}^{r} c_{rl} n^l$$

mit rationalen Zahlen c_{rl}. Damit ergibt sich

$$\sum_{k=1}^{n} k^r = \frac{1}{r+1} n^{r+1} - \sum_{l=1}^{r} \frac{c_{rl}}{r+1} n^l,$$

womit die Behauptung bewiesen ist.

Bemerkung 1: Eine andere Beweismöglichkeit besteht darin, von der in Aufgabe 1 A bewiesenen Formel

$$\binom{n+1}{r+1} = \sum_{k=1}^{n} \binom{k}{r}$$

auszugehen. Benutzt man die in der Lösung von Aufgabe 1 C eingeführten verallgemeinerten Potenzen

$$k^{[r]} = k(k-1) \cdot \ldots \cdot (k-r+1),$$

so erhält man

$$\frac{1}{(r+1)!}(n+1)^{[r+1]} = \frac{1}{r!}\sum_{k=1}^{n} k^{[r]}$$

oder

$$\sum_{k=1}^{n} k^{[r]} = \frac{1}{r+1}(n+1)^{[r+1]}.$$

Durch Umrechnung der verallgemeinerten Potenzen in gewöhnliche Potenzen und Anwendung der Induktionsvoraussetzung für niedrigere Potenzen erhält man die Behauptung.

Bemerkung 2: Wir haben hier das Beweisprinzip der vollständigen Induktion in einer etwas anderen Form als in An. 1, §1, Seite 1, verwendet: Es sei n_0 eine ganze Zahl und $B(n)$ für jede ganze Zahl $n \geq n_0$ eine Aussage. Um $B(n)$ für alle $n \geq n_0$ zu beweisen, genügt es zu zeigen:

(I') $B(n_0)$ ist richtig (Induktionsanfang).

(II') Für beliebiges $n \geq n_0$ gilt: Falls $B(m)$ für alle m mit $n_0 \leq m < n$ richtig ist, ist auch $B(n)$ richtig (Induktionsschritt).

Dieses Induktionsprinzip kann man wie folgt auf das in An. 1, §1, formulierte Induktionsprinzip zurückführen. Für $n \geq n_0$ sei $A(n)$ die folgende Aussage:

$$B(m) \text{ ist richtig für alle } m \text{ mit } n_0 \leq m \leq n.$$

Dann gilt $A(n_0) = B(n_0)$ und (II') ist äquivalent zur Implikation

$$A(n-1) \Longrightarrow A(n).$$

Aufgabe 1 P. Es mag auf den ersten Blick verblüffen, dass die Behauptung der Aufgabe wahr ist, da man als nicht abergläubischer Mensch annimmt, dass jeder Wochentag gleich häufig ist. Daß jedoch die sieben Wochentage auf den 13. nicht gleichverteilt sein können, kann man sich auf folgende Weise klarmachen:

Der Gregorianische Kalender ist periodisch und wiederholt sich alle 400 Jahre. Nach einer solchen Periode wiederholt sich auch die Verteilung der Wochentage, denn es gilt:

(1) Die Anzahl der Tage in 400 Jahren ist durch 7 teilbar.

Beweis von (1): Die Anzahl der Tage in einem Nicht–Schaltjahr ist gleich

$$365 = 7 \cdot 52 + 1 = 7k + 1$$

mit einer ganzen Zahl k. In 400 (aufeinanderfolgenden) Jahren gibt es nach dem Gregorianischen Kalender 97 Schaltjahre mit jeweils einen Tag mehr. Deshalb ist die Gesamtzahl N der Tage in 400 Jahren

$$N = 400(7k+1) + 97 = 400 \cdot 7k + 71 \cdot 7 = 7k'$$

mit einer ganzen Zahl k'. □

In 400 Jahren gibt es $12 \cdot 400$ Dreizehnte. Diese Zahl ist nicht durch 7 teilbar, also können die 7 Wochentage auf den Dreizehnten nicht gleichverteilt sein. Eine systematische Abzählung ergibt, dass der Freitag für den Dreizehnten der häufigste Wochentag ist. In einer 400–Jahrperiode fällt der 13. insgesamt 688–mal auf einen Freitag, je 687–mal auf einen Sonntag und Mittwoch, je 685–mal auf einen Montag und Dienstag und je 684–mal auf einen Donnerstag und Samstag.

§ 2 Die Körperaxiome

Aufgabe 2 A.

a) Nach Definition (vgl. An. 1, (2.9)) ist die Behauptung

$$\frac{a}{b} = \frac{c}{d}$$

gleichbedeutend mit

(1) $$b^{-1}a = d^{-1}c.$$

Multipliziert man beide Seiten der Gleichung (1) mit bd, erhält man daraus

$$\underbrace{(bd)(b^{-1}a)}_{=:L} = \underbrace{(bd)(d^{-1}c)}_{=:R}.$$

Durch wiederholte Anwendung der Axiome der Multiplikation (II.1) bis (II.4) ergibt sich

$$L = (bd)(b^{-1}a) \overset{(II.2)}{=} (db)(b^{-1}a) \overset{(II.1)}{=} d(b(b^{-1}a)) \overset{(II.1)}{=} d((bb^{-1})a) \overset{(II.4)}{=} d(1 \cdot a) \overset{(II.3)}{=} da \overset{(II.2)}{=} ad.$$

Ebenso erhält man

$$R = (bd)(d^{-1}c) = (b(dd^{-1})c) = bc,$$

d.h. aus (1) folgt

(2) $$ad = bc.$$

Umgekehrt erhält man aus (2) durch Multiplikation mit $d^{-1}b^{-1}$ (d^{-1}, b^{-1} existieren, da nach Voraussetzung $b, d \neq 0$ sind)

$$\underbrace{(d^{-1}b^{-1})(ad)}_{=b^{-1}a} = \underbrace{(d^{-1}b^{-1})(bc)}_{=d^{-1}c}.$$

Also gilt (1) genau dann, wenn (2) gilt.

b) Aus a) folgt

$$\frac{a}{b} = \frac{ad}{bd}, \quad \frac{c}{d} = \frac{bc}{bd},$$

denn $a(bd) = b(ad)$ und $c(bd) = d(bc)$ (aus $b, d \neq 0$ folgt $bd \neq 0$). Also ist

$$\begin{aligned} \frac{a}{b} \pm \frac{c}{d} &= \frac{ad}{bd} \pm \frac{bc}{bd} = (bd)^{-1}(ad) \pm (bd)^{-1}(bc) = (bd)^{-1}(ad \pm bc) \\ &= \frac{ad \pm bc}{bd}. \end{aligned}$$

Dabei wurde benützt, dass

$$x(y-z) = x(y+(-z)) \stackrel{\text{(III)}}{=} xy + x(-z) = xy - xz$$

gilt.

Die Rechenregeln c) und d) werden ähnlich bewiesen.

Aufgabe 2 B. Wir beweisen die Behauptung durch vollständige Induktion nach n.

Induktionsanfang: $n = 1$.

Es ist

$$x_1 \sum_{j=1}^{m} y_j = \sum_{j=1}^{m} x_1 y_j$$

zu zeigen. Dies wiederum zeigen wir durch vollständige Induktion nach m. Der Induktionsanfang ist trivial. Sei die Behauptung für m schon bewiesen, dann folgt mit dem (gewöhnlichen) Distributivgesetz

$$\begin{aligned} x_1 \sum_{j=1}^{m+1} y_j &= x_1 \left(\sum_{j=1}^{m} y_j + y_{m+1} \right) \\ &= x_1 \sum_{j=1}^{m} y_j + x_1 y_{m+1} \\ &\overset{\text{(IV)}}{=} \sum_{j=1}^{m} x_1 y_j + x_1 y_{m+1} \\ &= \sum_{j=1}^{m+1} x_1 y_j . \end{aligned}$$

Damit ist der Induktionsanfang bewiesen.

Induktionsschritt: $n \longrightarrow n+1$.

Es gilt

$$\begin{aligned} \left(\sum_{i=1}^{n+1} x_i \right) \left(\sum_{j=1}^{m} y_j \right) &= \left(\sum_{i=1}^{n} x_i + x_{n+1} \right) \left(\sum_{j=1}^{m} y_j \right) \\ &= \left(\sum_{i=1}^{n} x_i \right) \left(\sum_{j=1}^{m} y_j \right) + x_{n+1} \left(\sum_{j=1}^{m} y_j \right) \\ &\overset{\text{(IV)}}{=} \sum_{i=1}^{n} \left(\sum_{j=1}^{m} x_i y_j \right) + \sum_{j=1}^{m} x_{n+1} y_j \\ &= \sum_{i=1}^{n+1} \left(\sum_{j=1}^{m} x_i y_j \right) . \end{aligned}$$

Aufgabe 2 C. Die Menge der Indexpaare, über die summiert wird, ist die Dreiecksmenge

$$\Delta = \{ (i,k) \in \mathbb{N} \times \mathbb{N} \, : \, i+k \leq n \} .$$

Die verschiedenen Summen entstehen, indem man Δ auf verschiedene Weisen gemäß Bild 2.1 zerlegt und längs der vertikalen (bzw. horizontalen oder schrägen) Balken aufsummiert. Damit ist anschaulich die Behauptung klar.

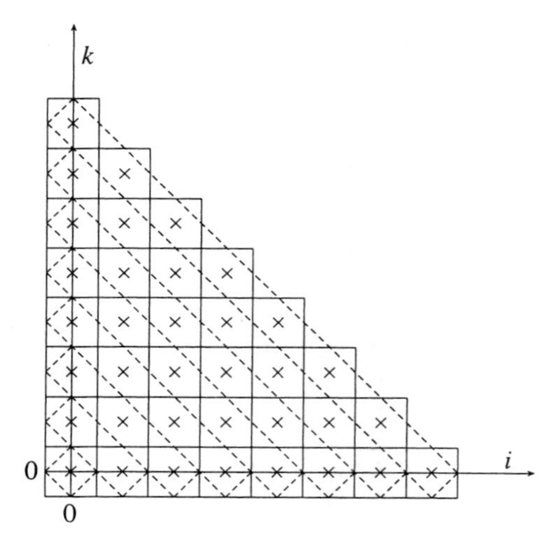

Bild 2.1

Einen formalen Beweis kann man durch vollständige Induktion nach n führen. Wir beweisen nur die Formel

$$\sum_{k=0}^{n}\sum_{i=0}^{n-k} a_{ik} = \sum_{m=0}^{n}\sum_{k=0}^{m} a_{m-k,k}\,; \tag{1}$$

die Formel

$$\sum_{i=0}^{n}\sum_{k=0}^{n-i} a_{ik} = \sum_{m=0}^{n}\sum_{k=0}^{m} a_{m-k,k},$$

beweist man analog.

Induktionsanfang: $n = 0$.

Trivial, denn beide Seiten der Formel (1) bestehen nur aus dem Term a_{00}.

Induktionsschritt: $n \longrightarrow n+1$.

$$\begin{aligned} S := \sum_{k=0}^{n+1}\sum_{i=0}^{n+1-k} a_{ik} \\ = \sum_{k=0}^{n+1}\left(\sum_{i=0}^{n-k} a_{ik} + a_{n+1-k,k}\right) \end{aligned}$$

$$= \sum_{k=0}^{n}\left(\sum_{i=0}^{n-k} a_{ik} + a_{n+1-k,k}\right) + a_{0,n+1},$$

denn $\sum_{i=0}^{n-(n+1)} a_{ik} = 0$ (leere Summe). Unter Anwendung des allgemeinen Kommutativgesetzes ergibt sich weiter

$$\begin{aligned} S &= \sum_{k=0}^{n}\sum_{i=0}^{n-k} a_{ik} + \sum_{k=0}^{n} a_{n+1-k,k} + a_{0,n+1} \\ &\overset{(IV)}{=} \sum_{m=0}^{n}\sum_{k=0}^{m} a_{m-k,k} + \sum_{k=0}^{n+1} a_{n+1-k,k} \\ &= \sum_{m=0}^{n+1}\sum_{k=0}^{m} a_{m-k,k}. \end{aligned}$$

Damit ist auch der Induktionsschritt gezeigt.

Aufgabe 2 E.

a) Sei $ad - bc \neq 0$ vorausgesetzt. Falls $c = 0$, ist $d \neq 0$, also $cx + d \neq 0$. Falls $c \neq 0$, ist ebenfalls $cx + d \neq 0$, denn andernfalls wäre $x = -c^{-1}d$ rational im Widerspruch zur Voraussetzung. Die Zahl

$$y := \frac{ax+b}{cx+d}$$

ist also wohldefiniert. Mit

$$u := ax + b, \quad v := cx + d \neq 0$$

erhält man

$$u = vy, \quad du - dv = (ad - bc)x, \quad -cu + av = ad - bc \neq 0,$$

also

$$x = \frac{du - bv}{-cu + av} = \frac{dy - b}{-cy + a}.$$

Wäre y rational, so auch x, im Widerspruch zur Voraussetzung. Also ist y irrational.

b) Sei $ad-bc=0$. Wir können voraussetzen, dass $cx+d\neq 0$ gilt und haben zu zeigen, dass $y=(ax+b)(cx+d)^{-1}$ rational ist. Ist $c\neq 0$, so folgt $b=\frac{ad}{c}$, also

$$y=\frac{ax+b}{cx+d}=\frac{ax+\frac{ad}{c}}{cx+d}=\frac{a}{c}\in\mathbb{Q}.$$

Ist $c=0$, so folgt $d\neq 0$ und $a=0$, also

$$y=\frac{b}{d}\in\mathbb{Q}.$$

Aufgabe 2 F. Wir zeigen als Beispiele nur einige der Körperaxiome.

Existenz des Null– und Einselements. Es ist klar, dass $(0,0)$ das Nullelement darstellt. Das Paar $(1,0)$ ist das Einselement, denn

$$(a,b)\cdot(1,0)=(a\cdot 1+2b\cdot 0,a\cdot 0+b\cdot 1)=(a,b)$$

für alle $(a,b)\in K$.

Existenz des Inversen. Für jedes $(a,b)\in K$ und jedes $\lambda\in\mathbb{Q}$ gilt

$$(a,b)\cdot(\lambda a,-\lambda b)=(\lambda(a^2-2b^2),0).$$

Ist $(a,b)\neq(0,0)$, so ist $a^2-2b^2\neq 0$, denn andernfalls wäre 2 das Quadrat einer rationalen Zahl. Setzt man daher

$$\lambda:=(a^2-2b^2)^{-1},$$

so ist $(a,b)^{-1}=(\lambda a,-\lambda b)$.

Distributivgesetz. Es gilt

$$\begin{aligned}
&(a,b)\left((a',b')+(a'',b'')\right)\\
=\;&(a,b)(a'+a'',b'+b'')\\
=\;&(aa'+aa''+2bb'+2bb'',ab'+ab''+ba'+ba'')\\
=\;&(aa'+2bb',ab'+ba')+(aa''+2bb'',ab''+ba'')\\
=\;&(a,b)(a',b')+(a,b)(a'',b'')
\end{aligned}$$

für alle $(a,b),(a',b'),(a'',b'')\in K$.

§ 3 Anordnungsaxiome

Aufgabe 3 A. Die Aussage ist richtig für $n = 0, 1, 2$. Wir beweisen sie für $n \geq 4$ durch vollständige Induktion nach n.

Induktionsanfang: $n = 4$.

Klar, da

$$4^2 = 16 = 2^4.$$

Induktionsschritt: $n \longrightarrow n+1$.

Wegen $n \geq 4$ gilt $4n \leq n^2$, also

$$\begin{aligned}(n+1)^2 &= n^2 + 2n + 1 \leq n^2 + \frac{n^2}{2} + 1 \overset{\text{(IV)}}{\leq} 2^n + 2^{n-1} + 1 \\ &\leq 2^n + 2^{n-1} + 2^{n-1} = 2^{n+1}.\end{aligned}$$

Aufgabe 3 C.

a) Seien k, n natürlichen Zahlen mit $n \geq 1$. Ist $k > n$, so gilt die Gleichung trivialerweise, da dann $\binom{n}{k} = 0$. Ist $k \leq n$, so gilt

$$\frac{n!}{(n-k)!} = \prod_{j=n-k+1}^{n} j = \prod_{i=1}^{k}(n-k+i),$$

also

$$\frac{n!}{n^k(n-k)!} = \frac{1}{n^k}\prod_{i=1}^{k}(n-k+i) = \prod_{i=1}^{k}\frac{n-k+i}{n} \leq 1.$$

Also erhält man

$$\frac{1}{n^k}\binom{n}{k} = \frac{n!}{n^k(n-k)!k!} \leq \frac{1}{k!}.$$

b) Nach dem Binomischen Lehrsatz gilt

$$\left(1+\frac{1}{n}\right)^n = \sum_{k=0}^{n}\binom{n}{k}\frac{1}{n^k} \overset{\text{a)}}{\leq} \sum_{k=0}^{n}\frac{1}{k!}.$$

Zum Beweis der Ungleichung $\sum_{k=0}^{n} \frac{1}{k!} < 3$ für alle natürlichen Zahlen n können wir uns auf den Fall $n \geq 4$ beschränken, da

$$\sum_{k=0}^{3} \frac{1}{k!} = 1 + 1 + \frac{1}{2} + \frac{1}{6} = 2 + \frac{2}{3} < 3.$$

Zusammen mit der Abschätzung $\frac{1}{k!} \leq 2^{-k}$ für alle natürlichen Zahlen $k \geq 4$ aus Aufgabe 3 B erhält man

$$\begin{aligned}
\sum_{k=0}^{n} \frac{1}{k!} &= \sum_{k=0}^{3} \frac{1}{k!} + \sum_{k=4}^{n} \frac{1}{k!} \\
&\leq 2 + \frac{2}{3} + \sum_{k=4}^{n} 2^{-k} \\
&= 2 + \frac{2}{3} + 2^{-4} \sum_{k=0}^{n-4} 2^{-k} \\
&= 2 + \frac{2}{3} + 2^{-4} 2(1 - 2^{-n+3}) \\
&\leq 2 + \frac{2}{3} + 2^{-3} < 3.
\end{aligned}$$

Hierbei wurde die Summenformel für die geometrische Reihe benutzt (vgl. An. 1, §1, Satz 6).

c) Die Abschätzung

$$\left(\frac{n}{3}\right)^n \leq \frac{1}{3} n!$$

lässt sich mit Hilfe von Teil b) dieser Aufgabe durch vollständige Induktion nach $n \geq 1$ beweisen.

Induktionsanfang: $n = 1$.

Trivial.

Induktionsschritt: $n \longrightarrow n + 1$.

$$\begin{aligned}
\left(\frac{n+1}{3}\right)^{n+1} &= \frac{n+1}{3} \left(\frac{n+1}{3}\right)^n = \frac{n+1}{3} \left(\frac{n}{3}\right)^n \left(1 + \frac{1}{n}\right)^n \\
&\overset{\text{b)}}{<} (n+1) \left(\frac{n}{3}\right)^n \overset{\text{(IV)}}{\leq} (n+1) \frac{1}{3} n! = \frac{1}{3} (n+1)!.
\end{aligned}$$

Aufgabe 3 D. Die Lösung ist sehr einfach, wenn man daran denkt, dass jede Quadratzahl nichtnegativ ist. Also

$$(q-1)^2 \geq 0 \Longleftrightarrow q^2-2q+1 \geq 0 \Longleftrightarrow q^2+1 \geq 2q \Longleftrightarrow q+\frac{1}{q} \geq 2.$$

Wegen $q = 1 \Longleftrightarrow (q-1)^2 = 0$ erhält man die Zusatzaussage der Aufgabe, wenn man in der obigen Rechnung überall das Zeichen „$\geq$" durch das Zeichen „$=$"ersetzt.

Aufgabe 3 I. Für $n \geq 2$ und $x \geq 0$ ist nach dem Binomischen Lehrsatz

$$(1+x)^n = \sum_{k=0}^{n} \binom{n}{k} x^k \geq \binom{n}{2} x^2,$$

da alle weggelassenen Summanden nichtnegativ sind. Außerdem gilt

$$\binom{n}{2} \geq \frac{n^2}{4},$$

denn

$$\binom{n}{2} = \frac{n(n-1)}{2} \geq \frac{n}{2} \cdot \frac{n}{2},$$

da $n-1 \geq \frac{n}{2}$. Also folgt

$$(1+x)^n \geq \frac{n^2}{4} x^2.$$

Aufgabe 3 J. Die Lösung dieser Aufgabe ist eine einfache Folgerung aus der Abschätzung in Aufgabe 3 I. Setze $x := b-1 > 0$. Dann gilt nach Aufgabe 3 I

$$b^n = (1+x)^n \geq \frac{n^2}{4} x^2.$$

Nach dem Archimedischen Axiom gibt es eine natürliche Zahl n_0, so dass

$$nx^2 > 4 \quad \text{für alle } n \geq n_0.$$

Daraus folgt

$$b^n \geq n \cdot \frac{nx^2}{4} > n \quad \text{für alle } n \geq n_0.$$

Aufgabe 3 K. Wir zeigen zunächst

$$(1) \qquad 2n^n \leq (n+1)^n \quad \text{für alle } n \geq 1.$$

Aus der Bernoullischen Ungleichung folgt nämlich

$$\left(1+\frac{1}{n}\right)^n \geq 1+n\cdot\frac{1}{n} = 2.$$

Daraus erhält man

$$\frac{(n+1)^n}{n^n} \geq 2,$$

also ist (1) bewiesen.

Wir zeigen jetzt die Ungleichung

$$n! \leq 2\left(\frac{n}{2}\right)^n$$

durch vollständige Induktion nach n.

Induktionsanfang: $n = 0, 1$.

Trivial.

Induktionsschritt: $n \longrightarrow n+1$.

$$\begin{aligned}(n+1)! &= n!(n+1) \overset{(\mathrm{IV})}{\leq} 2\left(\frac{n}{2}\right)^n (n+1) \overset{(1)}{\leq} \frac{1}{2^n}(n+1)^n(n+1)\\ &= 2\left(\frac{n+1}{2}\right)^{n+1}.\end{aligned}$$

Aufgabe 3 L. Wir beweisen nur Teil c). Wir unterscheiden 2 Fälle:

1. Fall: n ist ein ganzzahliges Vielfaches von k, d.h. $n = mk$ mit $k \in \mathbb{Z}$. Dann ist

$$\lceil n/k \rceil = \lceil m \rceil = m$$

und $(n+k-1)/k = m + (k-1)/k$, also

$$\lfloor (n+k-1)/k \rfloor = m = \lceil n/k \rceil.$$

2.Fall: n ist kein ganzzahliges Vielfaches von k. Dann gibt es eine ganze Zahl m und eine natürliche Zahl ℓ mit $1 \leq \ell \leq k-1$, so dass $n = mk + \ell$. Dann ist

$$\lceil n/k \rceil = \lceil m + (\ell/k) \rceil = m+1$$

und $(n+k-1)/k = m + (\ell+k-1)/k = (m+1) + (\ell-1)/k$, also

$$\lfloor (n+k-1)/k \rfloor = m+1 = \lceil n/k \rceil, \quad \text{q.e.d.}$$

§ 4 Folgen, Grenzwerte

Aufgabe 4 A. Für alle natürlichen Zahlen $k \geq 1$ gilt

$$a_{k+1} - a_k = \frac{1}{2}(a_k + a_{k-1}) - a_k = \left(-\frac{1}{2}\right)(a_k - a_{k-1}).$$

Daraus folgt durch vollständige Induktion nach k

$$a_{k+1} - a_k = \left(-\frac{1}{2}\right)^k (b-a) \quad \text{für alle } k \in \mathbb{N}.$$

Also gilt für alle $n \geq 1$

$$\begin{aligned} a_n &= a_0 + (a_1 - a_0) + (a_2 - a_1) + \ldots + (a_n - a_{n-1}) \\ &= a + \sum_{k=0}^{n-1} (a_{k+1} - a_k) \\ &= a + \sum_{k=0}^{n-1} \left(-\frac{1}{2}\right)^k (b-a). \end{aligned}$$

Da $\sum_{k=0}^{\infty} \left(-\frac{1}{2}\right)^k = \frac{2}{3}$ (geometrische Reihe, An. 1, §4, Beispiel (4.12)), konvergiert die Folge $(a_n)_{n\in\mathbb{N}}$ mit dem Grenzwert

$$\lim_{n\to\infty} a_n = a + \frac{2}{3}(b-a) = \frac{1}{3}(2b+a).$$

Aufgabe 4 C. Für alle $n \geq 1$ hat man die Zerlegung

$$\frac{2}{4n^2-1} = \frac{2}{(2n-1)(2n+1)} = \frac{1}{2n-1} - \frac{1}{2n+1}.$$

Also ist

$$\begin{aligned} s_k &:= \sum_{n=1}^{k} \frac{1}{4n^2-1} \\ &= \frac{1}{2}\left(\sum_{n=1}^{k} \frac{1}{2n-1} - \sum_{n=1}^{k} \frac{1}{2n+1}\right) \\ &= \frac{1}{2}\left(\sum_{n=0}^{k-1} \frac{1}{2n+1} - \sum_{n=1}^{k} \frac{1}{2n+1}\right) \\ &= \frac{1}{2}\left(1 - \frac{1}{2k+1}\right). \end{aligned}$$

Daher gilt

$$\sum_{n=1}^{\infty} \frac{1}{4n^2-1} = \lim_{k\to\infty} s_k = \frac{1}{2}.$$

Aufgabe 4 E.

I) Wir behandeln zunächst den Fall, dass der Grenzwert a der Folge $(a_n)_{n\in\mathbb{N}}$ gleich 0 ist. Sei $\varepsilon > 0$ beliebig gegeben. Dann gibt es ein $M \in \mathbb{N}$, so dass

$$|a_n| < \frac{\varepsilon}{2} \quad \text{für alle } n \geq M.$$

Wir setzen

$$c := a_0 + a_1 + \ldots + a_M,$$

dann gilt für alle $n > M$

$$|b_n| = \frac{1}{n+1}|c + a_{M+1} + \ldots + a_n| < \frac{1}{n+1}|c| + \frac{n-M}{n+1} \cdot \frac{\varepsilon}{2}.$$

Sei jetzt $N > M$ so gewählt, dass

$$\frac{1}{N+1}|c| < \frac{\varepsilon}{2}.$$

Dann gilt

$$|b_n| < \frac{\varepsilon}{2} + \frac{\varepsilon}{2} = \varepsilon \quad \text{für alle } n \geq N,$$

also konvergiert die Folge $(b_n)_{n\in\mathbb{N}}$ ebenfalls gegen 0.

II) Sei jetzt $a = \lim_{n\to\infty} a_n$ beliebig. Dann können wir auf die Folge $(a'_n)_{n\in\mathbb{N}}$, definiert durch

$$a'_n := a_n - a \quad \text{für alle } n \in \mathbb{N},$$

Teil I) anwenden. Die Folge $(b'_n)_{n\in\mathbb{N}}$,

$$b'_n := \frac{1}{n+1}(a'_0 + \ldots + a'_n) \quad \text{für alle } n \in \mathbb{N},$$

konvergiert daher gegen 0. Da

$$b'_n = \frac{1}{n+1}(a_0 + \ldots a_n - (n+1)a) = b_n - a,$$

folgt

$$\lim_{n\to\infty} b_n = a.$$

Aufgabe 4 G. Da $c = \lim_{n\to\infty} a_n = \lim_{n\to\infty} c_n$ existieren zu vorgegebenen $\varepsilon > 0$ Zahlen $N_1, N_2 \in \mathbb{N}$, so dass

$$\begin{aligned} |a_n - c| &< \varepsilon \quad \text{für alle } n \geq N_1, \\ |c_n - c| &< \varepsilon \quad \text{für alle } n \geq N_2. \end{aligned}$$

Für $n \geq N := \max(N_1, N_2)$ gilt, dass

$$c - \varepsilon < a_n \leq b_n \leq c_n < c + \varepsilon,$$

d.h. $|c - b_n| < \varepsilon$. Daraus folgt

$$\lim_{n\to\infty} b_n = c.$$

Aufgabe 4 H. Wir benützen die Summenformel

$$\sum_{k=1}^{n} k^2 = \frac{1}{3}n^3 + Q(n),$$

wobei Q ein quadratisches Polynom in n ist. (Genauer gilt

$$Q(n) = \frac{1}{2}n^2 + \frac{1}{6}n,$$

vgl. Aufgabe 1 N; jedoch kommt es hier auf die genaue Gestalt von Q nicht an.) Da

$$\frac{1}{n^3+n}\sum_{k=1}^{n} k^2 \leq \sum_{k=1}^{n} \frac{k^2}{n^3+k} \leq \frac{1}{n^3}\sum_{k=1}^{n} k^2,$$

folgt

$$\frac{1}{3}\left(1 + \frac{1}{n^2}\right)^{-1} + \frac{Q(n)}{n^3+n} \leq a_n \leq \frac{1}{3} + \frac{Q(n)}{n^3},$$

wegen

$$\begin{aligned} \lim_{n\to\infty}\left(1 + \frac{1}{n^2}\right)^{-1} &= 1, \\ \lim_{n\to\infty} \frac{Q(n)}{n^3+n} = \lim_{n\to\infty} \frac{Q(n)}{n^3} &= 0, \end{aligned}$$

folgt aus Aufgabe 4 G

$$\lim_{n\to\infty} a_n = \frac{1}{3}.$$

Aufgabe 4 K.

a) Da jede konvergente Folge beschränkt ist (An. 1, §4, Satz 1), gibt es ein $M \in \mathbb{R}$, so dass

$$|b_n| \leq M \quad \text{für alle } n \in \mathbb{N}.$$

Sei $K \in \mathbb{R}$ vorgegeben. Da $\lim\limits_{n\to\infty} a_n = \infty$, gibt es ein $N \in \mathbb{N}$, so dass

$$a_n > K + M \quad \text{für alle } n \geq N.$$

Daraus folgt

$$a_n + b_n > K \quad \text{für alle } n \geq N,$$

d.h.

$$\lim_{n\to\infty}(a_n + b_n) = \infty.$$

b) Sei $b = \lim\limits_{n\to\infty} b_n > 0$. Dann gibt es ein $N_1 \in \mathbb{N}$, so dass

$$b_n > \frac{b}{2} \quad \text{für alle } n \geq N_1.$$

Sei $C \in \mathbb{R}$ vorgegeben. Dann existiert ein $N_2 \in \mathbb{N}$, so dass

$$a_n > \frac{2C}{b} \quad \text{für alle } n \geq N_2.$$

Für $n \geq N := \max(N_1, N_2)$ gilt dann

$$a_n b_n > \frac{2C}{b} \cdot \frac{b}{2} = C.$$

Daraus folgt

$$\lim_{n\to\infty}(a_n b_n) = \infty.$$

Der Fall $b < 0$ wird analog bewiesen.

Aufgabe 4 L. Es gibt für alle Fälle natürlich viele Beispiele. Eine mögliche Wahl ist die folgende:

a) $a_n = 4^n$, $b_n = 2^{-n}$; $a_n b_n = 2^n$,

b) $a_n = 4^n$, $b_n = -2^{-n}$; $a_n b_n = -2^n$,

c) $a_n = 2^n$, $b_n = 2^{-n}c$; $a_n b_n = c$,

d) $a_n = 2^n$, $b_n = (-2)^{-n}$; $a_n b_n = (-1)^n$.

§ 5 Das Vollständigkeitsaxiom

Aufgabe 5 A. Nach An. 1, §5 kann man eine reelle Zahl x, $0 < x < 1$, wie folgt in einen b–adischen Bruch

$$x = \sum_{k=1}^{\infty} a_k b^{-k}$$

entwickeln: a_1 ist die größte ganze Zahl, so dass

$$a_1 b^{-1} \leq x.$$

Seien $a_1, \dots, a_{k-1}$ schon bestimmt. Dann ist a_k die größte ganze Zahl, so dass

$$a_k b^{-k} \leq x - (a_1 b^{-1} + \dots + a_{k-1} b^{-k+1}).$$

Diese Ungleichung ist äquivalent zu

$$a_k \leq x b^k - a_1 b^{k-1} - \dots - a_{k-1} b =: y_k.$$

Man erhält so folgenden Algorithmus zur Bestimmung der a_k:

$$\begin{aligned} y_1 &:= xb, \quad a_1 := \lfloor y_1 \rfloor \\ y_{k+1} &:= (y_k - a_k) b \\ a_{k+1} &:= \lfloor y_{k+1} \rfloor. \end{aligned}$$

Dabei bezeichnet $\lfloor y \rfloor$ die größte ganze Zahl $\leq y$, vgl. An. 1, §3, (3.15).

Der Algorithmus zeigt, dass für eine rationale Zahl x die b–adische Entwicklung periodisch wird: Sei etwa $x = \frac{m}{n}$ mit ganzen Zahlen $0 < m < n$. Durch vollständige Induktion über k zeigt man dann, dass

$$y_k = \frac{p_k}{n}, \ p_k \in \mathbb{Z} \text{ mit } 0 \leq p_k < nb.$$

Deshalb gibt es nur endlich viele Möglichkeiten für y_k. Also gibt es positive ganze Zahlen r und s, so dass

$$y_{r+s} = y_r.$$

Daraus folgt

$$a_{k+s} = a_k \quad \text{für alle } k \geq r.$$

Sei jetzt speziell $x = \frac{1}{7}$.

a) Für die Basis $b = 7$ ist trivialerweise $a_1 = 1$ und $a_k = 0$ für alle $k \geq 2$, die 7–adische Entwicklung bricht also ab.

b) Für $b = 2$ erhält man

k	1	2	3	4	$\dots$
y_k	$\frac{2}{7}$	$\frac{4}{7}$	$\frac{8}{7}$	$\frac{2}{7}$	$\dots$
a_k	0	0	1	0	$\dots$

Da $y_1 = y_4$, wird die Entwicklung (rein) periodisch mit der Periode 3,

$$\frac{1}{7} = 0.^{(2)}001\,001\,\dots = \sum_{k=1}^{\infty} \frac{1}{2^{3k}}.$$

c) Der Fall der Basis 16 kann auf den Fall der Basis 2 zurückgeführt werden, da $2^4 = 16$. Dazu teilt man die 2–adische Entwicklung in 4er Gruppen auf:

$$\begin{aligned} &0.^{(2)} \underbrace{0010}_{2}\,\underbrace{0100}_{4}\,\underbrace{1001}_{9}\,\underbrace{0010}_{2}\,\dots \\ = {} &0.^{(16)}\; 2 \quad 4 \quad 9 \quad 2 \quad \dots, \end{aligned}$$

denn $2 = 2^1$, $4 = 2^2$, $9 = 2^3 + 1$, also

$$\begin{aligned} 2 \cdot 16^{-1} &= 2 \cdot 2^{-4} = 2^{-3}, \\ 4 \cdot 16^{-2} &= 4 \cdot 2^{-8} = 2^{-6}, \\ 9 \cdot 16^{-3} &= 9 \cdot 2^{-12} = 2^{-9} + 2^{-12}, \\ &\text{u.s.w.} \end{aligned}$$

d) Für $b = 10$ erhält man mit

k	1	2	3	4	5	6	7	$\dots$
y_k	$\frac{10}{7}$	$\frac{30}{7}$	$\frac{20}{7}$	$\frac{60}{7}$	$\frac{40}{7}$	$\frac{50}{7}$	$\frac{10}{7}$	$\dots$
a_k	1	4	2	8	5	7	1	$\dots$

den wohlbekannten Dezimalbruch

$$\frac{1}{7} = 0.142857\,142857\,\dots$$

Aufgabe 5 D. Es seien

$$x = \sum_{n=1}^{\infty} a_n 10^{-n} = \sum_{n=1}^{\infty} b_n 10^{-n}$$

zwei verschiedene Dezimaldarstellungen von x. Dann können wir

$$k := \min\{i \in \mathbb{N} \setminus \{0\} \ : \ a_i \neq b_i\}$$

bilden. O.B.d.A. sei $a_k > b_k$, sonst vertausche man die Rollen der a_i und b_i. Wir setzen nun

$$\xi := \sum_{n=1}^{k} b_n 10^{-n},$$

dann gilt

$$0 \leq x - \xi = \sum_{n=k+1}^{\infty} b_n 10^{-n}$$

und

$$x - \xi = (a_k - b_k) 10^{-k} + \sum_{n=k+1}^{\infty} a_n 10^{-n}.$$

Aus der ersten Darstellung von $x - \xi$ folgt

$$x - \xi \leq \sum_{n=k+1}^{\infty} 9 \cdot 10^{-n} = 10^{-k},$$

wobei $x - \xi = 10^{-k}$ genau dann, wenn $b_n = 9$ für alle $n \geq k+1$. Aus der zweiten Darstellung von $x - \xi$ folgt

$$x - \xi \geq (a_k - b_k) 10^{-k} \geq 10^{-k},$$

wobei $x - \xi = (a_k - b_k) 10^{-k}$ genau dann, wenn $a_n = 0$ für alle $n \geq k+1$. Beide Ungleichungen können nur dann gleichzeitig gelten, falls $x - \xi = 10^{-k}$, also

$$a_k = b_k + 1$$

und

$$\begin{cases} a_n = 0 & \text{für alle } n \geq k+1, \\ b_n = 9 & \text{für alle } n \geq k+1. \end{cases}$$

Aufgabe 5 E. Sei $\varepsilon > 0$ vorgegeben. Dann existiert ein $N \in \mathbb{N}$, so dass

$$2^{-N+1} < \varepsilon.$$

Für alle $n \geq N$ und $k \in \mathbb{N}$ gilt dann

$$x_{n+k} - x_n = \sum_{i=0}^{k-1} (x_{n+i+1} - x_{n+i}),$$

also

$$\begin{aligned} |x_{n+k} - x_n| &\leq \sum_{i=0}^{k-1} |x_{n+i+1} - x_{n+i}| \\ &\leq \sum_{i=0}^{k-1} 2^{-n-i} \\ &\leq 2^{-n} \sum_{i=0}^{\infty} 2^{-i} = 2^{-n+1} < \varepsilon. \end{aligned}$$

Aufgabe 5 F. Wir geben zwei Beweise:

1. Beweis:

I) Die Folge $(a_n)_{n\in\mathbb{N}}$ sei unbeschränkt, etwa unbeschränkt nach oben. Dann kann eine monoton wachsende Teilfolge $(a_{n_k})_{k\in\mathbb{N}}$ von $(a_n)_{n\in\mathbb{N}}$ wie folgt konstruiert werden: Wir setzen $n_0 := 0$. Sind

$$n_0 < n_1 < \ldots < n_k$$

mit

$$a_{n_0} \leq a_{n_1} \leq \ldots \leq a_{n_k}$$

schon bestimmt, so gibt es wegen der Unbeschränktheit der Folge $(a_n)_{n\in\mathbb{N}}$ ein $n_{k+1} > n_k$ mit

$$a_{n_{k+1}} \geq a_{n_k}.$$

II) Ist die Folge $(a_n)_{n\in\mathbb{N}}$ beschränkt, so besitzt sie nach dem Satz von Bolzano–Weierstraß eine Teilfolge $(a_{n_k})_{k\in\mathbb{N}}$ von $(a_n)_{n\in\mathbb{N}}$, die gegen eine reelle Zahl a konvergiert. Falls für unendlich viele $n \in \mathbb{N}$ gilt $a_n = a$, gibt es eine konstante, also monotone Teilfolge, die gegen a konvergiert. Andernfalls gibt es ein $N_0 \in \mathbb{N}$, so dass $a_n \neq a$ für alle $n \geq N_0$. Die Folge $(b_{N_0}, b_{N_0+1}, \ldots)$, definiert durch

$$b_n := \frac{1}{a_n - a}, \; n \geq N_0,$$

ist unbeschränkt, besitzt also nach Teil I) eine monotone Teilfolge $(b_{n_k})_{k\in\mathbb{N}}$. Nach Weglassen endlich vieler Glieder $b_{n_0}, b_{n_1}, \ldots, b_{n_{k_0-1}}$ haben alle b_{n_k} einheitliches Vorzeichen. Daraus folgt, dass die Folge $(a_{n_{k_0}}, a_{n_{k_0+1}}, \ldots)$,

$$a_{n_k} = a + \frac{1}{b_{n_k}}, \; k \geq k_0,$$

ebenfalls monoton ist. Da die Folge $(a_{n_{k_0}}, a_{n_{k_0+1}}, \ldots)$ nach Konstruktion eine Teilfolge von $(a_n)_{n\in\mathbb{N}}$ ist, ist die Behauptung bewiesen.

2. Beweis: Wir geben jetzt noch einen zweiten Beweis an, der nicht den Satz von Bolzano–Weierstraß benützt. Sei dazu

$$M := \{m \in \mathbb{N} \; : \; a_m \geq a_{m+k} \text{ für alle } k \in \mathbb{N}\}.$$

Nun gibt es zwei Möglichkeiten:

I) M ist unendlich, d.h.

$$M = \{m_0, m_1, m_2, \ldots\}$$

mit

$$m_0 < m_1 < m_2 < \ldots.$$

Dann ist $(a_{m_k})_{k\in\mathbb{N}}$ eine monoton fallende Teilfolge von $(a_n)_{n\in\mathbb{N}}$.

II) M ist endlich (oder leer). Wir konstruieren nun induktiv eine streng monoton wachsende Teilfolge $(a_{n_k})_{k\in\mathbb{N}}$ von $(a_n)_{n\in\mathbb{N}}$ auf folgende Weise: Sei $n_0 \in \mathbb{N}$ eine natürliche Zahl, die größer als alle $m \in M$ ist. Sind $n_0 < n_1 < \ldots < n_k$ mit

$$a_{n_0} < a_{n_1} < \ldots < a_{n_k}$$

schon gewählt, so gibt es wegen $n_k \notin M$ ein $n_{k+1} > n_k$ mit

$$a_{n_k} < a_{n_{k+1}}.$$

Aufgabe 5 G. Sei $K > 0$ vorgegeben. Dann gibt es nur endlich viele Folgenglieder $a_n \leq K$, denn andernfalls gäbe es eine beschränkte Teilfolge, die nach dem Satz von Bolzano–Weierstraß wiederum eine konvergente Teilfolge besäße. Daher gibt es ein $N \in \mathbb{N}$, so dass

$$a_n > K \quad \text{für alle } n \geq N.$$

Aufgabe 5 I.

I) Sei zunächst x rational, etwa

$$x = \frac{p}{q} \quad \text{mit } p \in \mathbb{Z},\ q \in \mathbb{N} \setminus \{0\}.$$

Dann haben alle Folgenglieder die Gestalt

$$a_n(x) = \frac{s_n}{q},\ s_n \in \mathbb{N},\ 0 \leq s_n < q.$$

Daher nehmen die Folgenglieder nur endlich viele Werte an; die Folge kann also nur endlich viele Häufungspunkte besitzen.

II) Sei jetzt x irrational. Dann sind alle $a_n(x)$ untereinander verschieden, denn aus

$$a_n(x) = a_m(x) \quad \text{für } n \neq m$$

folgt

$$(n-m)x \in \mathbb{Z}, \text{ d.h. } x \in \mathbb{Q}.$$

Wir zeigen nun: Ist $\varepsilon > 0$ beliebig, so gibt es zu jedem $a \in \mathbb{R}$ mit $0 \leq a \leq 1$ und jedem $N \in \mathbb{N}$ ein $n \in \mathbb{N}$ mit $n \geq N$ und $|a - a_n(x)| < \varepsilon$. Dies ist zunächst für $|x| < \varepsilon$ erfüllt, wie man sich leicht überlegt. Ist x beliebig, so hat die Folge $(a_n(x))_{n\in\mathbb{N}}$ nach dem Satz von Bolzano–Weierstraß eine konvergente Teilfolge, es gibt also natürliche Zahlen n und $k > 0$, so dass

$$|a_{n+k}(x) - a_n(x)| < \varepsilon.$$

Sei $\xi := a_{n+k}(x) - a_n(x)$. Aus der Definition von $a_n(x)$ folgt nun

$$kx = N + \xi \quad \text{mit } N \in \mathbb{Z}$$

woraus

$$a_{m\cdot k}(x) = a_m(\xi).$$

folgt. Da $|\xi| < \varepsilon$, folgt aus obiger Vorbemerkung, dass ein $n \in \mathbb{N}$, $n \geq N$ existiert mit

$$|a - a_n(x)| < \varepsilon.$$

Da $\varepsilon > 0$ beliebig war, läßt sich nun für jedes $a \in \mathbb{R}$ mit $0 \leq a \leq 1$ eine Teilfolge von $(a_n(x))_{n\in\mathbb{N}}$ konstruieren, die gegen a konvergiert.

Aufgabe 5 J. Wir behandeln hier nur die Fälle $n = 1, -1$, d.h. wir bestimmen die Darstellungen der Zahlen $x = 10$ und $y = \frac{1}{10}$.

1) $x = 10$. Es ist

$$10 = 2^3 + 2^1,$$

also

$$10 = 2^3 \cdot (1 + 2^{-2}).$$

Für die IEEE-Darstellung

$$x = (-1)^s 2^{e-1023}\Big(1 + \sum_{\mu=1}^{52} a_\mu 2^{-\mu}\Big)$$

ist daher $s = 0$,

$$e = 1026 = 2^{10} + 2^2 = \sum_{\nu=0}^{10} e_\nu 2^\nu$$

mit

$$(e_{10}, e_9, \ldots, e_0) = (1,0,0,0,0,0,0,0,0,1,0)$$

und

$$(a_1, a_2, a_3, \ldots, a_{52}) = (0,1,0,0,\ldots,0).$$

Die Zahl $x = 10$ wird exakt dargestellt.

2) $y = \frac{1}{10}$.

Durch Multiplikation mit einer Zweierpotenz muss y zunächst in das Intervall $[1,2[$ verschoben werden. Es ist

$$\frac{1}{10} = 2^{-4} \cdot \frac{16}{10} = 2^{-4}\Big(1 + \frac{3}{5}\Big).$$

Das Vorzeichenbit ist $s = 0$, der Exponent e ergibt sich aus der Gleichung

$$-4 = e - 1023 \quad \Longrightarrow \quad e = 1019 = \sum_{\nu=0}^{10} e_\nu 2^\nu$$

mit

$$(e_{10}, e_9, \ldots, e_0) = (0,1,1,1,1,1,1,1,0,1,1).$$

Die Bits $(a_1, a_2, \ldots, a_{52})$ ergeben sich aus der Binär-Entwicklung (= 2-adischen Entwicklung) von $\frac{3}{5}$. Dazu verwenden wird das gleiche Schema wie in Aufgabe 5 A.

k	1	2	3	4	5	6	$\cdots$
y_k	$\frac{6}{5}$	$\frac{2}{5}$	$\frac{4}{5}$	$\frac{8}{5}$	$\frac{6}{5}$	$\frac{2}{5}$	$\cdots$
a_k	1	0	0	1	1	0	$\cdots$

Wir erhalten also den periodischen 2-adischen Bruch

$$\frac{3}{5} = 0.^{(2)}1001\,\overline{1001}$$

Für die 64-Bit IEEE-Darstellung muss noch gerundet werden; die Bits $a_1, \ldots, a_{52}$ ergeben sich zu

$$\begin{aligned}(a_{4k+1}, a_{4k+2}, a_{4k+3}, a_{4k+4}) &= (1,0,0,1) \quad \text{für } k = 0,1,\ldots,11,\\ (a_{49}, a_{50}, a_{51}, a_{52}) &= (1,0,1,0).\end{aligned}$$

Die gesamte Bitfolge $(s, e_{10}, \ldots, e_1, e_0, a_1, a_2, \ldots, a_{52})$ der 64-Bit IEEE-Darstellung der Zahl $y = \frac{1}{10}$ lautet daher

`00111111 10111001 10011001 10011001 10011001 10011001 10011001 10011010`

oder, wenn man jeweils 4 Bits zusammenfasst, in hexadezimaler Schreibweise

`3FB9 9999 9999 999A`

Die Zahl $y = \frac{1}{10}$ wird nicht exakt dargestellt, der Wert der dargestellten Zahl ist

$$\tilde{y} = 2^{-4}\Big(1 + \sum_{k=1}^{13} \frac{9}{16^k} + \frac{1}{16^{13}}\Big).$$

Da

$$\sum_{k=1}^{13} \frac{9}{16^k} = \frac{9}{16} \cdot \frac{1-(1/16)^{13}}{1-1/16} = \frac{3}{5}\Big(1 - \frac{1}{2^{52}}\Big),$$

folgt

$$\tilde{y} = \frac{1}{16}\Big(1 + \frac{3}{5} - \frac{3}{5} \cdot \frac{1}{2^{52}} + \frac{1}{2^{52}}\Big) = \frac{1}{16}\Big(\frac{8}{5} + \frac{2}{5} \cdot \frac{1}{2^{52}}\Big) = \frac{1}{10}\Big(1 + \frac{1}{2^{54}}\Big).$$

Der relative Fehler ist also $2^{-54} \approx 5.55 \cdot 10^{-17}$.

§ 6 Wurzeln

Aufgabe 6 A. Setzt man $x_n = \sqrt[3]{a}(1+f_n)$ in die Rekusionsformel

$$x_{n+1} := \frac{1}{3}\Big(2x_n + \frac{a}{x_n^2}\Big)$$

ein, so erhält man nach Kürzung durch $\sqrt[3]{a}$

$$1+f_{n+1} = \frac{1}{3}\Big(2(1+f_n) + \frac{1}{(1+f_n)^2}\Big) = \frac{2(1+f_n)^3+1}{3(1+f_n)^2},$$

also

$$\begin{aligned} f_{n+1} &= \frac{2(1+f_n)^3+1-3(1+f_n)^2}{3(1+f_n)^2} = \frac{3f_n^2+2f_n^3}{3(1+f_n)^2} \\ &= f_n^2\,\frac{1+\frac{2}{3}f_n}{(1+f_n)^2}. \end{aligned}$$

Dies ist die gesuchte Rekusionsformel für die Folge (f_n).

Da nach Definition $f_0 > -1$, folgt $f_n \geq 0$ für alle $n \geq 1$. Daraus folgt

$$1+\tfrac{2}{3}f_n \leq (1+f_n)^2,$$

also

$$f_{n+1} \leq f_n^2, \quad \text{q.e.d.}$$

Aufgabe 6 C.

(1) Wir zeigen zunächst durch Induktion nach n, dass $a_n \leq a_{n+1}$ für alle $n \in \mathbb{N}$.

Induktionsanfang: $n = 0$.

Trivial, da

$$1 = a_0 < a_1 = \sqrt{2}.$$

Induktionsschritt: $(n-1) \longrightarrow n$.

Sei $a_{n-1} \leq a_n$ schon bewiesen. Daraus folgt

$$1 + a_{n-1} \leq 1 + a_n$$

und daraus

$$a_n = \sqrt{1+a_{n-1}} \leq \sqrt{1+a_n} = a_{n+1},$$

wie man durch Quadrieren sieht.

(2) Ebenfalls durch Induktion zeigt man $a_n \leq 2$ für alle $n \in \mathbb{N}$, denn $\sqrt{1+2} \leq 2$.

Aus (1) und (2) ergibt sich, dass die Folge $(a_n)_{n\in\mathbb{N}}$ gegen eine reelle Zahl $a \geq 1$ konvergiert. Da

$$a_{n+1}^2 = 1 + a_n,$$

gilt für den Grenzwert

$$a^2 = 1 + a,$$

also

$$\left(a - \frac{1}{2}\right)^2 = \frac{5}{4}.$$

Da $\left(a - \frac{1}{2}\right) > 0$, folgt

$$a - \frac{1}{2} = \frac{\sqrt{5}}{2},$$

d.h.

$$a = \frac{1+\sqrt{5}}{2}.$$

Aufgabe 6 D. Wir setzen $x_n := \frac{a_{n+1}}{a_n}$. Es gilt $x_n \geq 1$ für alle $n \in \mathbb{N}$. Aus der Rekursionsformel

$$a_{n+2} = a_{n+1} + a_n$$

folgt

$$x_{n+1} = 1 + \frac{1}{x_n}.$$

Daraus ergibt sich

$$x_{n+2} = 1 + \frac{1}{1+\frac{1}{x_n}} = 1 + \frac{x_n}{1+x_n}.$$

Da

$$\frac{x}{1+x} \leq \frac{x'}{1+x'} \quad \text{für alle } x, x' \in \mathbb{R} \text{ mit } 0 < x \leq x',$$

ergibt sich durch vollständige Induktion

$$x_{2k} \le x_{2k+2} \le 2 \quad \text{für alle } k \in \mathbb{N}.$$

Deshalb konvergiert die Folge $(x_{2k})_{k\in\mathbb{N}}$ gegen eine reelle Zahl $x \ge 1$ mit

$$x = 1 + \frac{x}{1+x},$$

d.h. $x^2 - 1 = x$. Daraus folgt $x = \frac{1+\sqrt{5}}{2}$, vgl. Aufgabe 6 C. Wegen

$$x_{2k+1} = 1 + \frac{1}{x_{2k}}$$

ergibt sich

$$\lim_{k\to\infty} x_{2k+1} = 1 + \frac{1}{x} = \frac{x+1}{x} = \frac{x^2}{x} = x.$$

Da die beiden Folgen $(x_{2k})_{k\in\mathbb{N}}$ und $(x_{2k+1})_{k\in\mathbb{N}}$ gegen denselben Grenzwert x konvergieren, gilt

$$\lim_{n\to\infty} \frac{a_{n+1}}{a_n} = \lim_{n\to\infty} x_n = x = \frac{1+\sqrt{5}}{2}.$$

Aufgabe 6 E. Wir überlegen uns zunächst allgemein, dass aus $0 \le x \le y$ folgt

$$x \le \sqrt{xy} \le \frac{1}{2}(x+y) \le y.$$

Die erste Ungleichung folgt aus $x^2 \le xy$, die zweite Ungleichung aus

$$0 \le (x-y)^2 = (x+y)^2 - 4xy$$

und die dritte Ungleichung aus $x + y \le 2y$. Damit gilt für alle $n \ge 1$

$$a_n \le b_n \quad \text{und} \quad a_n \le a_{n+1} \le b_{n+1} \le b_n.$$

Nach An. 1, §5, Satz 5, existieren

$$a^* := \lim_{n\to\infty} a_n \quad \text{und} \quad b^* := \lim_{n\to\infty} b_n.$$

Wegen $b_{n+1} = \frac{1}{2}(a_n + b_n)$ folgt

$$b^* = \frac{1}{2}(a^* + b^*),$$

d.h. $a^* = b^*$.

Aufgabe 6 F. Für $n = 1$ ist die zu beweisende Ungleichung trivial. Für $n \geq 2$ verwenden wir Aufgabe 3 I und erhalten

$$\left(1 + \frac{2}{\sqrt{n}}\right)^n \geq \frac{n^2}{4}\left(\frac{2}{\sqrt{n}}\right)^2 = n,$$

woraus

$$1 + \frac{2}{\sqrt{n}} \geq \sqrt[n]{n}$$

folgt.

Aufgabe 6 G. Da

$$1 \leq \sqrt[n]{n} \leq 1 + \frac{2}{\sqrt{n}},$$

genügt es zu zeigen, dass

$$\lim_{n\to\infty} \frac{1}{\sqrt{n}} = 0.$$

Sei $\varepsilon > 0$ vorgegeben und $N \in \mathbb{N}$ eine natürliche Zahl mit $N > \frac{1}{\varepsilon^2}$. Dann gilt für alle $n \geq N$

$$n > \frac{1}{\varepsilon^2}, \text{ also } \sqrt{n} > \frac{1}{\varepsilon},$$

d.h.

$$\left|\frac{1}{\sqrt{n}}\right| < \varepsilon.$$

Aufgabe 6 H. Wir beweisen hier nur b). Sei

$$\varepsilon_n := \sqrt[3]{n + \sqrt[3]{n^2}} - \sqrt[3]{n}, \quad \text{also} \quad \sqrt[3]{n + \sqrt[3]{n^2}} = \sqrt[3]{n} + \varepsilon_n.$$

Es ist zu beweisen $\lim\limits_{n\to\infty} \varepsilon_n = \frac{1}{3}$. Erheben wir die letzte Gleichung in die 3. Potenz, erhalten wir

$$n + \sqrt[3]{n^2} = n + 3\varepsilon_n \sqrt[3]{n^2} + 3\varepsilon_n^2 \sqrt[3]{n} + \varepsilon_n^3.$$

Daraus folgt für $n > 0$

$$1 = 3\varepsilon_n + 3\varepsilon_n^2 \frac{1}{\sqrt[3]{n}} + \varepsilon_n^3 \frac{1}{\sqrt[3]{n^2}}.$$

Da $\varepsilon_n \geq 0$, erhält man die Abschätzung $\varepsilon_n \leq 1/3$ für alle $n > 0$, also wegen $\lim\limits_{n\to\infty} \sqrt[3]{n} = \infty$

$$\lim_{n\to\infty}\left(3\varepsilon_n^2 \frac{1}{\sqrt[3]{n}} + \varepsilon_n^3 \frac{1}{\sqrt[3]{n^2}}\right) = 0.$$

Daraus folgt schließlich $\lim\limits_{n\to\infty} \varepsilon_n = 1/3$, q.e.d.

Aufgabe 6 I. Da $\lim\limits_{n\to\infty} \sqrt{n} = \infty$, ist $(\sqrt{n})_{n\in\mathbb{N}}$ keine Cauchy–Folge. Wir zeigen jetzt, dass es für die Folge

$$a_n := \sqrt{n}$$

zu jedem $\varepsilon > 0$ und jedem $k \in \mathbb{N}$ ein $N \in \mathbb{N}$ gibt, so dass

$$|a_n - a_{n+k}| < \varepsilon \quad \text{für alle } n \geq N.$$

Seien $\varepsilon > 0$ und $k \in \mathbb{N}$ beliebig vorgegeben. Wir wählen $N \in \mathbb{N}$ so, dass $N > \left(\frac{k}{2\varepsilon}\right)^2$. Dann gilt für alle $n \geq N$

$$\begin{aligned} |a_n - a_{n+k}| &= \sqrt{n+k} - \sqrt{n} \\ &= \frac{(\sqrt{n+k} - \sqrt{n})(\sqrt{n+k} + \sqrt{n})}{\sqrt{n+k} + \sqrt{n}} \\ &= \frac{k}{\sqrt{n+k} + \sqrt{n}} \leq \frac{k}{2\sqrt{n}} \leq \frac{k}{2\sqrt{N}} < \varepsilon. \end{aligned}$$

Bemerkung: Die Definition der Cauchy–Folge (siehe An. 1, §5) ist zu folgender äquivalent:

Eine Folge $(a_n)_{n\in\mathbb{N}}$ reeller Zahlen ist eine Cauchy–Folge, wenn gilt: Zu jedem $\varepsilon > 0$ existiert ein $N \in \mathbb{N}$, so dass

$$|a_n - a_{n+k}| < \varepsilon \quad \text{für alle } n \geq N \text{ und alle } k \in \mathbb{N}.$$

Der Unterschied zu der in der Aufgabe angegebenen Bedingung ist der, dass für eine Cauchy–Folge $(a_n)_{n\in\mathbb{N}}$ die Zahl N nur von ε, aber nicht von k abhängen darf (was bei der Folge $(\sqrt{n})_{n\in\mathbb{N}}$ nicht möglich ist.) Den formalen Unterschied der beiden Bedingungen sieht man am besten bei Verwendung der logischen Quantoren „$\forall$“ (Allquantor) und „$\exists$“ (Existenzquantor). Ist $P(x)$ eine Aussage über x, so bedeutet $\forall x : P(x)$, dass $P(x)$ für alle x gilt und $\exists x : P(x)$, dass ein x existiert mit $P(x)$. Die obige Definition der Cauchy–Folge lässt sich nun so schreiben:

$(a_n)_{n\in\mathbb{N}}$ ist genau dann eine Cauchy–Folge, wenn

$$\forall \varepsilon > 0\ \exists N \in \mathbb{N}\ \forall n \geq N\ \forall k \in \mathbb{N} : (|a_n - a_{n+k}| < \varepsilon).$$

Die in der Aufgabe angegebene Bedingung lautet dagegen

$$\forall \varepsilon > 0\ \forall k \in \mathbb{N}\ \exists N \in \mathbb{N}\ \forall n \geq N : (|a_n - a_{n+k}| < \varepsilon).$$

Man sieht daran, dass man die Reihenfolge der Existenz– und Allquantoren nicht beliebig vertauschen darf.

§ 7 Konvergenzkriterien für Reihen

Aufgabe 7 A.

a) Die Reihe $\sum_{n=1}^{\infty} \frac{n!}{n^n}$ konvergiert nach dem Quotientenkriterium. Denn mit $a_n := \frac{n!}{n^n}$ gilt für alle $n \geq 1$

$$\begin{aligned}\left|\frac{a_{n+1}}{a_n}\right| &= \frac{(n+1)!n^n}{n!(n+1)^{n+1}} = \frac{(n+1)n^n}{(n+1)^{n+1}} = \left(\frac{n}{n+1}\right)^n = \frac{1}{\left(1+\frac{1}{n}\right)^n} \\ &\leq \frac{1}{2} =: \theta < 1\end{aligned}$$

(Bernoullische Ungleichung).

b) Die Reihe $\sum_{n=0}^{\infty} \frac{n^4}{3^n}$ konvergiert ebenfalls nach dem Quotientenkriterium. Denn mit $a_n := \frac{n^4}{3^n}$ gilt für alle $n \geq 4$

$$\left|\frac{a_{n+1}}{a_n}\right| = \frac{(n+1)^4 3^n}{3^{n+1} n^4} = \frac{1}{3}\left(1+\frac{1}{n}\right)^4 \leq \frac{1}{3}\left(\frac{5}{4}\right)^4 =: \theta < 1.$$

c) Die Reihe $\sum_{n=0}^{\infty} \frac{n+4}{n^2-3n+1}$ divergiert. Denn für alle $n \geq 3$ gilt

$$a_n = \frac{n+4}{n^2-3n+1} = \frac{1+\frac{4}{n}}{n-3+\frac{1}{n}} > \frac{1}{n}.$$

d) Auf $\sum_{n=1}^{\infty} \frac{(n+1)^{n-1}}{(-n)^n}$ wenden wir das Leibnizsche Konvergenzkriterium an. Es ist

$$\frac{(n+1)^{n-1}}{(-n)^n} = (-1)^n a_n$$

mit

$$a_n = \frac{(n+1)^{n-1}}{n^n}.$$

Wir haben zu zeigen, dass $(a_n)_{n\geq 1}$ eine monoton fallende Nullfolge ist. Nach Aufgabe 3 C gilt

$$a_n = \frac{1}{n}\left(\frac{n+1}{n}\right)^{n-1} = \frac{1}{n}\left(1+\frac{1}{n}\right)^{n-1} \leq \frac{1}{n}\left(1+\frac{1}{n}\right)^{n} \leq \frac{3}{n},$$

also $\lim\limits_{n\to\infty} a_n = 0$. Außerdem ist

$$\begin{aligned}\frac{a_n}{a_{n+1}} &= \frac{(n+1)^{n-1}}{n^n} \cdot \frac{(n+1)^{n+1}}{(n+2)^n} = \frac{\left((n+1)^2\right)^n}{(n(n+2))^n} \\ &= \left(\frac{n^2+2n+1}{n^2+2n}\right)^n > 1,\end{aligned}$$

also ist $(a_n)_{n\geq 1}$ monoton fallend.

Aufgabe 7 D. Wir setzen zur Abkürzung

$$\zeta(s) := \sum_{n=1}^{\infty} \frac{1}{n^s}.$$

Diese Reihen konvergieren für alle natürlichen Zahlen $s > 1$. Nun gilt

$$\sum_{k=1}^{\infty} \frac{1}{(2k)^s} = \frac{1}{2^s} \sum_{k=1}^{\infty} \frac{1}{k^s} = \frac{1}{2^s}\zeta(s).$$

Daraus folgt

$$\sum_{k=0}^{\infty} \frac{1}{(2k+1)^s} = \sum_{n=1}^{\infty} \frac{1}{n^s} - \sum_{k=1}^{\infty} \frac{1}{(2k)^s} = (1-2^{-s})\zeta(s)$$

und

$$\sum_{n=1}^{\infty} \frac{(-1)^{n-1}}{n^s} = \sum_{k=0}^{\infty} \frac{1}{(2k+1)^s} - \sum_{k=1}^{\infty} \frac{1}{(2k)^s} = (1-2^{-s+1})\zeta(s).$$

Aufgabe 7 E.

a) Da die Folge $(c_n)_{n\in\mathbb{N}}$ konvergiert, ist sie insbesondere beschränkt, es gibt also ein $M \in \mathbb{R}_+$ mit

$$|c_n| \le M \quad \text{für alle } n \in \mathbb{N}.$$

Daraus folgt $|c_n a_n| \le M|a_n|$, also ist

$$\sum_{n=0}^{\infty} M|a_n| = M \sum_{n=0}^{\infty} |a_n|$$

eine konvergente Majorante der Reihe $\sum_{n=0}^{\infty} c_n a_n$.

b) Wir setzen für $n \ge 1$

$$a_n := c_n := \frac{(-1)^n}{\sqrt{n}},$$

$a_0 = c_0 = 0$. Die Reihe $\sum_{n=0}^{\infty} a_n$ konvergiert nach dem Leibnizschen Konvergenzkriterium, ebenso konvergiert die Folge $(c_n)_{n\in\mathbb{N}}$. Da weiter $c_n a_n = \frac{1}{n}$ für alle $n \ge 1$, konvergiert die Reihe $\sum_{n=0}^{\infty} c_n a_n$ aber nicht.

Aufgabe 7 F. Da die konvergente Reihe $\sum_{n=0}^{\infty} a_n$ nicht absolut konvergiert, enthält sie sowohl unendlich viele positive als auch unendlich viele negative Terme. Sei $(a_{n_k})_{k\in\mathbb{N}}$ die Teilfolge der nichtnegativen Glieder der Folge $(a_n)_{n\in\mathbb{N}}$ und $(a_{m_k})_{k\in\mathbb{N}}$ die Teilfolge der negativen Glieder der Folge $(a_n)_{n\in\mathbb{N}}$. Wir setzen für $k \in \mathbb{N}$

$$\alpha_k := a_{n_k} \ge 0,$$
$$\beta_k := -a_{m_k} > 0.$$

Dann gilt

$$(1) \qquad \sum_{k=0}^{\infty} \alpha_k = \infty \quad \text{und} \quad \sum_{k=0}^{\infty} \beta_k = \infty.$$

Beweis von (1). Wären beide Reihen konvergent, so würde auch die Reihe $\sum_{n=0}^{\infty} a_n$ absolut konvergieren, im Widerspruch zur Voraussetzung. Nehmen wir an, dass

$$\sum_{k=0}^{\infty} \alpha_k = \infty \quad \text{und} \quad \sum_{k=0}^{\infty} \beta_k =: b < \infty.$$

Dann gilt für alle $N \ge n_k$

$$\sum_{n=0}^{N} a_n \ge \sum_{i=0}^{k} a_{n_i} - \sum_{k=0}^{\infty} \beta_k = \sum_{i=0}^{k} \alpha_i - b,$$

also $\lim_{N\to\infty} \sum_{n=0}^{N} a_n = \infty$, was der Konvergenz der Reihe $\sum_{n=0}^{\infty} a_n$ widerspricht. Ebenso führt man die Annahme

$$\sum_{k=0}^{\infty} \alpha_k =: a < \infty, \quad \sum_{k=0}^{\infty} \beta_k = \infty$$

zum Widerspruch. Damit ist (1) bewiesen. □

Die gewünschte Umordnung der Reihe $\sum_{n=0}^{\infty} a_n$ führt man jetzt nach folgendem Schema durch:

$$\begin{array}{l} \alpha_0 \ + \ldots + \ \alpha_{p_0} - \ \beta_0 \ - \ldots - \ \beta_{q_0} \\ +\alpha_{p_0+1} + \ldots + \ \alpha_{p_1} - \beta_{q_0+1} - \ldots - \ \beta_{q_1} \\ + \ \ldots\ldots\ldots\ldots\ldots\ldots\ldots\ldots \\ +\alpha_{p_i+1} + \ldots + \alpha_{p_{i+1}} - \beta_{q_i+1} - \ldots - \beta_{q_{i+1}} \\ + \ \ldots\ldots\ldots\ldots\ldots\ldots\ldots\ldots \end{array}$$

Dabei sind $p_0 < p_1 < \ldots$ und $q_0 < q_1 < \ldots$ natürliche Zahlen, die induktiv auf folgende Weise bestimmt werden:

Induktionsanfang.

p_0 ist die kleinste Zahl, so dass

$$A_0 := \alpha_0 + \ldots + \alpha_{p_0} \geq c,$$

q_0 ist die kleinste Zahl, so dass

$$B_0 := \alpha_0 + \ldots + \alpha_{p_0} - \beta_0 - \ldots - \beta_{q_0} < c.$$

Induktionsschritt.

Seien $p_0, \ldots, p_i$ und $q_0, \ldots, q_i$ schon bestimmt und

$$A_i := \sum_{k=0}^{p_i} \alpha_k - \sum_{l=0}^{q_{i-1}} \beta_l \geq c,$$

$$B_i := \sum_{k=0}^{p_i} \alpha_k - \sum_{l=0}^{q_i} \beta_l < c.$$

Wir wählen p_{i+1} als die kleinste natürliche Zahl $> p_i$, so dass

$$A_{i+1} = B_i + \alpha_{p_i+1} + \ldots + \alpha_{p_{i+1}} \geq c$$

und q_{i+1} als die kleinste natürliche Zahl $> q_i$, so dass

$$B_{i+1} = B_i + \alpha_{p_i+1} + \ldots + \alpha_{p_{i+1}} - \beta_{q_i+1} - \ldots - \beta_{q_{i+1}} < c.$$

Dies ist möglich, da $\sum_{k=0}^{\infty} \alpha_k = \infty$ und $\sum_{k=0}^{\infty} \beta_k = \infty$ nach (1).
Aus der Definition folgt, dass

$$|A_i - c| \leq \alpha_{p_i},$$
$$|B_i - c| \leq \beta_{q_i}$$

für alle $i \in \mathbb{N}$. Daraus folgt leicht, dass die umgeordnete Reihe gegen c konvergiert.

Aufgabe 7 G. Es gilt $h_n \leq n$ für alle $n \in \mathbb{N}$. Da die Reihe $\sum_{n=1}^{\infty} \frac{n}{2^n}$ konvergiert, existiert auch

$$A := \sum_{n=1}^{\infty} \frac{h_n}{2^n} \in \mathbb{R}.$$

Wegen $h_n - h_{n-1} = \frac{1}{n}$ gilt

$$\begin{aligned} \sum_{n=1}^{N} \frac{1}{2^n n} &= \sum_{n=1}^{N} \frac{h_n}{2^n} - \sum_{n=2}^{N} \frac{h_{n-1}}{2^n} \\ &= \sum_{n=1}^{N} \frac{h_n}{2^n} - \frac{1}{2} \sum_{n=1}^{N-1} \frac{h_n}{2^n}, \end{aligned}$$

also

$$\sum_{n=1}^{\infty} \frac{1}{2^n n} = A - \frac{1}{2}A = \frac{1}{2}A.$$

Aufgabe 7 L.

a) Da die Reihe für $g(x)$ die geometrische Reihe $\sum_{n=0}^{\infty} |x|^n$ als Majorante hat, konvergiert sie absolut für alle $|x| < 1$.

b) Sei $|x| \leq \frac{1}{2}$. Dann gilt

$$\begin{aligned} \left| g(x) - \sum_{k=0}^{N-1} \frac{1}{2k+1} x^{2k+1} \right| &\leq \sum_{k=N}^{\infty} \frac{1}{2k+1} |x|^{2k+1} \\ &\leq \frac{|x|^{2N+1}}{2N+1} \sum_{n=0}^{\infty} \left(\frac{1}{2}\right)^n \\ &= 2 \cdot \frac{|x|^{2N+1}}{2N+1}. \end{aligned}$$

Der Fehler ist also kleiner als das Doppelte des Betrages des ersten weggelassenen Gliedes der Reihe. Eine Genauigkeit von 10^{-6} wird für $x = \frac{1}{2}$ durch $N = 10$ gewährleistet, für $x = \frac{1}{4}$ durch $N = 5$ und für $x = \frac{1}{10}$ durch $N = 3$.

Aufgabe 7 M.

a) Für alle $|x| < 1$ konvergiert die Reihe

$$\sum_{n=1}^{\infty} M|x|^n = M \cdot \sum_{n=1}^{\infty} |x|^n.$$

Wegen $|a_n x^n| \leq M|x|^n$ für alle $n \geq 1$ ist $f(x)$ nach dem Majorantenkriterium absolut, also erst recht im gewöhnlichen Sinne, konvergent.

b) $$f(x) = \sum_{n=1}^{\infty} a_n x^n = x \sum_{n=1}^{\infty} a_n x^{n-1} = x \left(a_1 + \sum_{n=1}^{\infty} a_{n+1} x^n \right).$$

Also gilt $f(x) = 0$ genau dann, wenn $x = 0$ oder

$$\sum_{n=1}^{\infty} a_{n+1} x^n = -a_1.$$

Aber für $0 < |x| < \frac{|a_1|}{2M} \leq \frac{1}{2}$ ist $x \neq 0$ und

$$\begin{aligned} \left| \sum_{n=1}^{\infty} a_{n+1} x^n \right| &\leq \sum_{n=1}^{\infty} |a_{n+1} x^n| < \sum_{n=1}^{\infty} M \frac{|a_1|^n}{(2M)^n} \\ &= M \left(\frac{1}{1 - \frac{|a_1|}{2M}} - 1 \right) = \frac{|a_1|}{2} \cdot \frac{1}{1 - \frac{|a_1|}{2M}} \\ &\leq \frac{|a_1|}{2} \cdot 2 = |a_1|. \end{aligned}$$

Also gilt $f(x) \neq 0$.

§ 8 Die Exponentialreihe

Aufgabe 8 A.

a) Die reelle Zahl $x \geq 1$ sei fest vorgegeben. Dann gibt es eine natürliche Zahl $k \geq 1$, so dass

$$k \leq x < k+1.$$

Da

$$\begin{aligned}\binom{x}{n} &= \frac{x(x-1)\cdot\ldots\cdot(x-n+1)}{n(n-1)\cdot\ldots\cdot 1} \\ &= \frac{x(x-1)\cdot\ldots\cdot(x-k)}{n(n-1)\cdot\ldots\cdot(n-k)} \prod_{m=1}^{n-k-1} \frac{x-k-m}{m}\end{aligned}$$

und

$$\left|\frac{x-k-m}{m}\right| = \frac{m-(x-k)}{m} \leq 1,$$

folgt

$$\left|\binom{x}{n}\right| \leq \frac{|x(x-1)\cdot\ldots\cdot(x-k)|}{n(n-1)\cdot\ldots\cdot(n-k)} \quad \text{für } n \geq k+1.$$

Es gibt deshalb eine Konstante $c \in \mathbb{R}_+$, so dass

$$\left|\binom{x}{n}\right| \leq \frac{c}{n^{k+1}} \quad \text{für alle } n \geq k+1.$$

Daraus folgt die absolute Konvergenz der Reihe

$$s(x) = \sum_{n=0}^{\infty} \binom{x}{n}$$

(vgl. An. 1, §7, Beispiel (7.2)).

b) Da die Reihen $\sum_{n=0}^{\infty} \binom{x}{n}$ und $\sum_{n=0}^{\infty} \binom{y}{n}$ absolut konvergieren, kann man auf sie den Satz über das Cauchy–Produkt anwenden. Es ergibt sich

$$s(x)s(y) = \sum_{n=0}^{\infty} c_n,$$

wobei

$$c_n = \sum_{k=0}^{n} \binom{x}{n-k}\binom{y}{k}.$$

Nach Aufgabe 1 C gilt

$$c_n = \binom{x+y}{n},$$

also $s(x)s(y) = s(x+y)$.

c) Für eine natürliche Zahl N ist $\binom{N}{n} = 0$ für $n > N$, also

$$s(N) = \sum_{n=0}^{N} \binom{N}{n} = \sum_{n=0}^{N} \binom{N}{n} 1^{N-n} 1^n = (1+1)^N = 2^N.$$

Aus der Funktionalgleichung für die Funktion s folgt nun für jede natürliche Zahl $n \geq 1$

$$s\left(n+\frac{1}{2}\right)^2 = s(2n+1) = 2^{2n+1}.$$

Daraus folgt $s\left(n+\frac{1}{2}\right) = \pm 2^n\sqrt{2}$. Um zu zeigen, dass nur das Pluszeichen in Frage kommt, beweisen wir, dass

$$s(x) > 0 \quad \text{für alle } x \geq 1.$$

Sei $x \geq 1$ fest und $k \in \mathbb{N}$ so, dass $k \leq x < k+1$. Da

$$\binom{x}{0} = 1 \quad \text{und} \quad \binom{x}{n+1} = \binom{x}{n} \frac{x-n}{n+1}$$

folgt

$$\binom{x}{n} > 0 \quad \text{für alle } n \leq k,$$

$$\binom{x}{k+2m+1} \geq 0, \ \binom{x}{k+2m+2} \leq 0$$

und nach Aufgabe 1 B ist

$$\binom{x}{k+2m+1} + \binom{x}{k+2m+2} = \binom{x+1}{k+2m+2} \geq 0$$

für alle $m \in \mathbb{N}$. Daraus ergibt sich

$$s(x) = \sum_{n=0}^{k} \binom{x}{n} + \sum_{m=0}^{\infty} \left\{ \binom{x}{k+2m+1} + \binom{x}{k+2m+2} \right\} > 0.$$

Wir haben also bewiesen

$$s\left(n+\frac{1}{2}\right) = 2^n\sqrt{2}.$$

Insbesondere hat man für $\sqrt{2}$ die Reihenentwicklung

$$\sqrt{2} = \frac{1}{2}\sum_{n=0}^{\infty}\binom{\frac{3}{2}}{n}.$$

Bemerkung: Es wird in An. 1, §22, bewiesen, dass die Reihe

$$s(x) = \sum_{n=0}^{\infty}\binom{x}{n}$$

sogar für alle $x \geq 0$ absolut konvergiert und für $x > -1$ noch im gewöhnlichen Sinn konvergiert. Für alle $x > -1$ gilt

$$s(x) = 2^x.$$

Die allgemeine Potenz a^x für nichtganzes x wird in An. 1, §12, eingeführt.

Aufgabe 8 B. Die Reihe $\sum_{n=0}^{\infty}\frac{(-1)^n}{\sqrt{n+1}}$ konvergiert nach dem Leibnizschen Konvergenzkriterium, da $\left(\frac{1}{\sqrt{n+1}}\right)_{n\in\mathbb{N}}$ eine monoton fallende Nullfolge ist. Das Cauchy–Produkt $\sum_{n=0}^{\infty}c_n$ hat die Terme

$$c_n = \sum_{k=0}^{n}\frac{(-1)^{n-k}}{\sqrt{n-k+1}}\cdot\frac{(-1)^k}{\sqrt{k+1}} = (-1)^n\sum_{k=0}^{n}\frac{1}{\sqrt{(n-k+1)(k+1)}}.$$

Für $k = 0,\ldots,n$ gilt

$$(n-k+1)(k+1) < (n+1)^2,$$

also

$$\frac{1}{\sqrt{(n-k+1)(k+1)}} > \frac{1}{n+1}.$$

Daraus folgt

$$|c_n| > (n+1)\frac{1}{n+1} = 1.$$

Daher konvergiert die Reihe $\sum_{n=0}^{\infty} c_n$ nicht.

Aufgabe 8 E. Es ist

$$M = \{2^k 5^\ell : k, \ell \in \mathbb{N}\}$$

Wir setzen

$$M_N := \{n \in M : n \leq N\}$$

und

$$M^{(s)} := \{2^k 5^\ell : 0 \leq k, \ell \leq s\}$$

Nach Definition ist

$$\sum_{n \in M} \frac{1}{n} = \lim_{N \to \infty} \sum_{n \in M_N} \frac{1}{n}$$

Zu jedem $N \in \mathbb{N}$ existiert ein $s \in \mathbb{N}$, so dass

$$M_N \subset M^{(s)}.$$

Umgekehrt existiert zu jedem $s \in \mathbb{N}$ ein $N' \in \mathbb{N}$, so dass

$$M^{(s)} \subset M_{N'}.$$

Da alle Reihenglider positiv sind, folgt daraus

$$\lim_{N \to \infty} \sum_{n \in M_N} \frac{1}{n} = \lim_{s \to \infty} \sum_{n \in M^{(s)}} \frac{1}{n}.$$

Nun ist

$$\sum_{n \in M^{(s)}} \frac{1}{n} = \sum_{k,\ell=0}^{s} \frac{1}{2^k 5^\ell} = \Big(\sum_{k=0}^{s} \frac{1}{2^k}\Big) \cdot \Big(\sum_{\ell=0}^{s} \frac{1}{5^\ell}\Big)$$

und deshalb

$$\lim_{s \to \infty} \sum_{n \in M^{(s)}} \frac{1}{n} = \Big(\sum_{k=0}^{\infty} \frac{1}{2^k}\Big) \cdot \Big(\sum_{\ell=0}^{\infty} \frac{1}{5^\ell}\Big) = \frac{1}{1 - \frac{1}{2}} \cdot \frac{1}{1 - \frac{1}{5}} = 2 \cdot \frac{5}{4} = \frac{5}{2}$$

§ 9 Punktmengen

Aufgabe 9 A.

a) Es sei $\mathcal{M}_n$ die Menge aller endlichen Teilmengen $A \subset \mathbb{N}$ mit

$$x \leq n \quad \text{für alle } x \in A.$$

Offenbar ist $\mathcal{M}_n$ endlich und für die Menge $\mathcal{M}$ aller endlichen Teilmengen von $\mathbb{N}$ gilt

$$\mathcal{M} = \bigcup_{n=0}^{\infty} \mathcal{M}_n .$$

Als abzählbare Vereinigung abzählbarer Mengen ist $\mathcal{M}$ abzählbar, q.e.d.

b) Wäre die Menge aller Teilmengen von $\mathbb{N}$ abzählbar, so gäbe es eine Folge $(A_n)_{n\in\mathbb{N}}$ von Teilmengen $A_n \subset \mathbb{N}$, so dass jede Teilmenge von $\mathbb{N}$ gleich einer der Mengen A_n ist. Wir werden aber jetzt eine Teilmenge $A \subset \mathbb{N}$ konstruieren, für die das nicht zutrifft. Sei

$$B := \{n \in \mathbb{N} : n \notin A_n\}.$$

Angenommen, es gibt ein $k \in \mathbb{N}$, so dass $B = A_k$. Wir betrachten nun das spezielle Element $k \in \mathbb{N}$. Falls $k \in A_k$, gilt nach Definition $k \notin B$, was nicht sein kann, da $B = A_k$. Falls aber $k \notin A_k$, ist $k \in B$, was ebenso unmöglich ist. Daher ist die Annahme falsch; die Menge B kann nicht in der Folge (A_n) vorkommen. Damit ist bewiesen, dass die Menge aller Teilmengen von $\mathbb{N}$ überabzählbar ist.

Aufgabe 9 B. Wir beweisen nur die Formel $\limsup a_n = \sup H$, da die Formel für $\liminf$ ganz analog bewiesen werden kann. Nach Definition ist

$$A := \limsup_{n\to\infty} a_n = \lim_{n\to\infty} A_n,$$

wobei

$$A_n := \sup\{a_k \; : \; k \geq n\}.$$

Da die Folge $(a_n)_{n\in\mathbb{N}}$ beschränkt ist, gilt $A_n \in \mathbb{R}$ für alle $n \in \mathbb{N}$ und $A \in \mathbb{R}$. Wir beweisen nun

(1) $$A \in H,$$

(2) $$a \leq A \quad \text{für alle } a \in H.$$

Beweis von (1). Da H die Menge aller Grenzwerte von konvergenten Teilfolgen der Folge $(a_n)_{n\in\mathbb{N}}$ ist, genügt es zu zeigen, dass zu jedem $N \in \mathbb{N}$ und $\varepsilon > 0$ ein $n \geq N$ existiert, so dass

$$|a_n - A| < \varepsilon.$$

Da $\lim\limits_{n\to\infty} A_n = A$, finden wir zunächst ein $m \geq N$, so dass

$$|A_m - A| < \frac{\varepsilon}{2}.$$

Nach Definition von A_m gibt es ein $n \geq m$, so dass

$$|a_n - A_m| < \frac{\varepsilon}{2}.$$

Daraus folgt $n \geq N$ und $|a_n - A| < \varepsilon$. □

Beweis von (2). Sei $a \in H$, dann ist a Limes einer gewissen Teilfolge $(a_{n_k})_{k\in\mathbb{N}}$ von $(a_n)_{n\in\mathbb{N}}$. Nach Definition gilt $A_{n_k} \geq a_{n_k}$. Daraus folgt

$$A = \lim_{n\to\infty} A_n = \lim_{k\to\infty} A_{n_k} \geq \lim_{k\to\infty} a_{n_k} = a.$$

Damit ist (2) bewiesen. □

Aus (1) und (2) folgt unmittelbar

$$A = \sup H.$$

Aufgabe 9 C.

I) Falls $(a_n)_{n\in\mathbb{N}}$ gegen a konvergiert, so ist die Folge beschränkt und für die Menge H ihrer Häufungspunkte gilt $H = \{a\}$. Daher gilt nach Aufgabe 9 A
$$\limsup a_n = \sup H = a = \inf H = \liminf a_n.$$

II) Sei nun umgekehrt vorausgesetzt, dass
$$\limsup a_n = \liminf a_n = a \in \mathbb{R}.$$
Setzen wir
$$A_n := \sup\{a_k \,:\, k \geq n\}, \quad \alpha_n := \inf\{a_n \,:\, k \geq n\}$$

so gilt also

$$\lim_{n\to\infty} A_n = \lim_{n\to\infty} \alpha_n = a.$$

Zu vorgegebenen $\varepsilon > 0$ existiert daher ein $N \in \mathbb{N}$, so dass

$$|A_N - a| < \varepsilon \quad \text{und} \quad |\alpha_N - a| < \varepsilon.$$

Nach Definition von A_N und α_N gilt

$$\alpha_N \le a_n \le A_N \quad \text{für alle } n \ge N.$$

Daraus folgt $|a_n - a| < \varepsilon$ für alle $n \ge N$.

Aufgabe 9 E. Sei $r \in \mathbb{R}$ vorgegeben. Für jede natürliche Zahl $n \ge 1$ sei

$$M_n := \left\{a \in M \,:\, a \ge \frac{r}{n}\right\}.$$

Es gilt

$$M = \bigcup_{n\ge 1} M_n.$$

Wäre jede Menge M_n endlich, so wäre M abzählbar, was der Voraussetzung widerspricht. Es gibt also ein $n \ge 1$, so dass M_n unendlich viele Elemente enthält. Wählen wir nun paarweise verschiedene $a_1, \ldots, a_n \in M_n$, so folgt

$$a_1 + \ldots + a_n \ge r.$$

§ 10 Funktionen, Stetigkeit

Aufgabe 10 A. Sei $N \in \mathbb{N}$. Nach An. 1, §10, Satz 1 und Beispiel (10.18) sind die Funktionen $x \longmapsto nx$ und $x \longmapsto 1 + |nx|$ auf $\mathbb{R}$ stetig, also auch die Funktion

$$x \longmapsto g_n(x) = \frac{nx}{1 + |nx|},$$

da der Nenner nirgends verschwindet. Für $n \ge 1$ erhält man

$$g_n(x) = \frac{x}{\frac{1}{n} + |x|}.$$

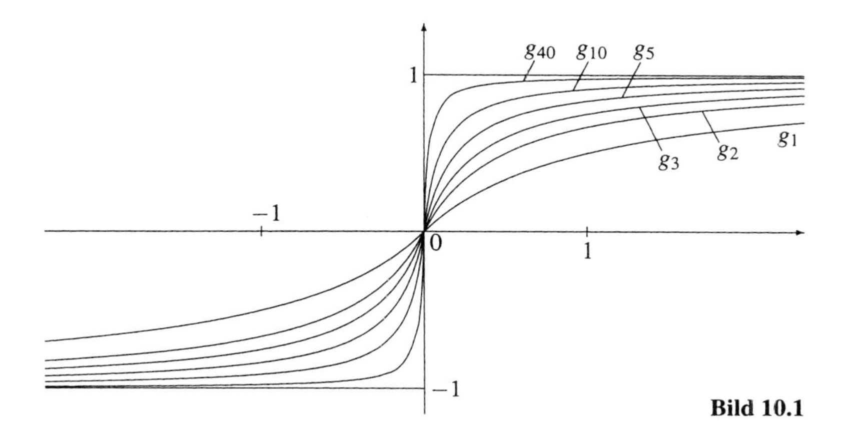

Bild 10.1

Also gilt für $x \neq 0$

$$\lim_{n\to\infty} g_n(x) = \frac{x}{|x|} = \begin{cases} 1, & \text{falls } x > 0, \\ -1, & \text{falls } x < 0. \end{cases}$$

Für alle $n \in \mathbb{N}$ ist $g_n(0) = 0$, also

$$\lim_{n\to\infty} g_n(0) = 0.$$

Es ist $g(x) := \lim_{n\to\infty} g_n(x)$ also für alle $x \in \mathbb{R}$ definiert. In jedem Punkt $a \neq 0$ ist g stetig, da

$$\lim_{x\to a} g(x) = g(a).$$

Im Nullpunkt ist g aber nicht stetig, da

$$\lim_{n\to\infty} g\left(\frac{1}{n}\right) = 1 \neq g(0) = 0.$$

Wir haben also hier eine Folge stetiger Funktionen, die gegen eine unstetige Funktion konvergiert, vgl. Bild 10.1.

Bemerkung: In An. 1, §21, wird das Problem behandelt, wann der Limes einer Folge stetiger Funktionen wieder stetig ist.

Aufgabe 10 B. Für zwei reelle Zahlen a, b gilt

$$\max(a,b) = \frac{1}{2}(a+b+|a-b|),$$

$$\min(a,b) = \frac{1}{2}(a+b-|a-b|)$$

wie man durch Fallunterscheidung $a \geq b$ bzw. $a < b$ zeigt (vgl. Aufgabe 3 H). Deshalb gilt

$$\varphi = \frac{1}{2}(f+g+|f-g|),$$

$$\psi = \frac{1}{2}(f+g-|f-g|).$$

Sind f, g stetig auf D, so sind auch die Funktionen $f+g$ und $f-g$ stetig. Daher ist auch die Funktion $|f-g|$ stetig (An. 1, Beispiel (10.18)). Daraus folgt die Stetigkeit von φ und ψ.

Aufgabe 10 D. Wir beweisen die Behauptung durch Induktion über n.

Induktionsanfang: $n = 1$.

Seien p_0, p_1 reelle Zahlen und

$$g(x) := \sum_{k=0}^{1} p_k|x-x_k|.$$

Dann gilt für $x \in [a,b] = [x_0,x_1]$

$$g(x) = p_0(x-x_0) - p_1(x-x_1) = (p_0-p_1)x + (-p_0x_0+p_1x_1).$$

Also gilt $f(x) = g(x)$ für alle $x \in [a,b]$, falls wir p_0 und p_1 so bestimmen, dass

$$p_0 - p_1 = c_1, \qquad -p_0x_0 + p_1x_1 = d_1.$$

Dieses Gleichungssystem wird gelöst durch

$$p_0 = \frac{x_1c_1+d_1}{x_1-x_0}, \qquad p_1 = \frac{x_0c_1+d_1}{x_1-x_0}.$$

Induktionsschritt: $n \longrightarrow n+1$.

Nach Induktionsvoraussetzung gibt es eine Funktion f_1 der Gestalt

$$f_1(x) = \sum_{k=0}^{n} p_k|x - x_k|,$$

so dass $f_1(x) = f(x)$ für alle $x \in [x_0, x_n]$. Die Differenz $g := f - f_1$ ist stetig und es gilt

$$\begin{aligned} &g \mid [x_0, x_n] = 0, \\ &g(x) = \gamma(x - x_n) \quad \text{für alle } x \in [x_n, x_{n+1}], \end{aligned}$$

mit einer gewissen Konstanten $\gamma \in \mathbb{R}$. Es genügt also, Konstanten q_0, q_n und q_{n+1} zu bestimmen, so dass

$$g(x) = q_0|x - x_0| + q_n|x - x_n| + q_{n+1}|x - x_{n+1}| \tag{1}$$

für alle $x \in [x_0, x_{n+1}]$. Wir setzen $q_n := \frac{\gamma}{2}$. Es gilt damit

$$g(x) - q_n|x - x_n| = \frac{\gamma}{2}(x - x_n) \quad \text{für alle } x \in [x_0, x_{n+1}].$$

Nach dem Induktionsanfang gibt es nun Konstanten q_0 und q_{n+1}, so dass

$$\frac{\gamma}{2}(x - x_n) = q_0|x - x_0| + q_{n+1}|x - x_{n+1}|$$

für alle $x \in [x_0, x_{n+1}]$. Mit diesen Konstanten q_0, q_n, q_{n+1} ist (1) erfüllt und damit die Behauptung bewiesen.

Aufgabe 10 E. Sei $x \in \mathbb{Q}$ und $(x_n)_{n\in\mathbb{N}}$ eine Folge rationaler Zahlen, die gegen x konvergiert. Für $\varepsilon := |x - \sqrt{2}| > 0$ gibt es ein $N \in \mathbb{N}$, so dass $|x_n - x| < \varepsilon$ für alle $n \geq N$. Falls $x > \sqrt{2}$, ist $x_n > \sqrt{2}$ für alle $n \geq N$, also

$$\lim_{n\to\infty} f(x_n) = 1 = f(x).$$

Analog erhält man: Falls $x < \sqrt{2}$, ist $x_n < \sqrt{2}$ für alle $n \geq N$, also

$$\lim_{n\to\infty} f(x_n) = 0 = f(x).$$

Bemerkung: Natürlich kann man die Funktion f in keiner Weise so auf ganz $\mathbb{R}$ fortsetzen, dass sie auch im Punkt $\sqrt{2} \in \mathbb{R}$ stetig wird.

Aufgabe 10 F. Sei eine irrationale Zahl $a \in]0,1]$ und ein $\varepsilon > 0$ vorgegeben. Es ist zu zeigen, dass ein $\delta > 0$ existiert, so dass

$$|f(x) - f(a)| = f(x) < \varepsilon$$

für alle $x \in]0,1]$ mit $|x-a| < \delta$. Sei $s \geq 1$ eine natürliche Zahl mit $\frac{1}{s} < \varepsilon$. Sei M_s die folgende (endliche) Menge aller rationalen Zahlen

$$M_s = \left\{ \frac{m}{n} \; : \; m, n \in \mathbb{N} \text{ mit } 1 \leq m \leq n \leq s \right\}.$$

Da a irrational ist, ist

$$\delta := \min\{|y-a| \; : \; y \in M_s\} > 0.$$

Für jedes $x \in]0,1]$ mit $|x-a| < \delta$ gilt jetzt $f(x) = 0$, falls x irrational ist, oder $f(x) = \frac{1}{q}$ mit $q > s$, falls x rational ist. Daher ist

$$|f(x) - f(a)| < \varepsilon.$$

§ 11 Sätze über stetige Funktionen

Aufgabe 11 A. Sei $f : [a,b] \longrightarrow \mathbb{R}$ definiert durch

$$f(x) := F(x) - x.$$

Dann ist die Funktion f stetig. Nach Voraussetzung ist $F(a) \geq a$ und $F(b) \leq b$, also $f(a) \geq 0$ und $f(b) \leq 0$. Nach dem Zwischenwertsatz gibt es ein $x_0 \in [a,b]$ mit $f(x_0) = 0$, also $F(x_0) = x_0$.

Aufgabe 11 B.

a) Wir behandeln zunächst die Funktion sqrt. Sei $\varepsilon > 0$ vorgegeben. Da die Funktion sqrt $|$ $[0,1]$ nach An. 1, §11, Satz 4, gleichmäßig stetig ist, gibt es ein $\delta_1 > 0$, so dass

$$|\sqrt{x} - \sqrt{y}| < \varepsilon \quad \text{für alle } x, y \in [0,1] \text{ mit } |x-y| < \delta_1.$$

Setzte $\delta := \min(\delta_1, \varepsilon)$. Dann gilt

$$|\sqrt{x} - \sqrt{y}| < \varepsilon \quad \text{für alle } x, y \in \mathbb{R}_+ \text{ mit } |x-y| < \delta.$$

Falls nämlich $x,\ y \in [0,1]$, folgt dies aus der obigen Abschätzung; andernfalls ist $x \geq 1$ oder $y \geq 1$, also

$$|\sqrt{x}-\sqrt{y}| \leq |\sqrt{x}+\sqrt{y}| \cdot |\sqrt{x}-\sqrt{y}| = |x-y| < \delta \leq \varepsilon.$$

b) Um zu beweisen, dass die Funktion

$$f: \mathbb{R}_+ \longrightarrow \mathbb{R},\ f(x) := x^2,$$

nicht gleichmäßig stetig ist, zeigen wir, dass es zu $\varepsilon = 1$ kein $\delta > 0$ gibt, so dass

(1) $\qquad |f(x)-f(y)| < 1 \quad$ für alle $x, y \in \mathbb{R}_+$ mit $|x-y| < \delta$.

Sei z.B. $x := \frac{1}{\delta}$, $y := x + \frac{\delta}{2}$. Dann ist

$$|f(x)-f(y)| = y^2 - x^2 = 1 + \frac{\delta^2}{4} \geq 1,$$

aber $|x-y| < \delta$. Also ist die Bedingung (1) für kein $\delta > 0$ erfüllbar.

Aufgabe 11 C.

b) Sei $0 < \delta \leq \delta'$, dann gilt

$$|x-x'| \leq \delta \Longrightarrow |x-x'| \leq \delta'.$$

Aus der Definition des Stetigkeitsmoduls folgt unmittelbar, dass

$$\omega_f(\delta) \leq \omega_f(\delta').$$

c) Seien $\delta,\ \delta' \in \mathbb{R}_+$ und $x,\ x' \in [a,b]$ mit

$$|x-x'| \leq \delta + \delta'.$$

Dann gibt es einen Zwischenpunkt $\xi \in [a,b]$ mit

$$|x-\xi| \leq \delta \quad \text{und} \quad |\xi - x'| \leq \delta'.$$

Daraus folgt

$$\begin{aligned} |f(x)-f(x')| &= |f(x)-f(\xi)+f(\xi)-f(x')| \\ &\leq |f(x)-f(\xi)| + |f(\xi)-f(x')| \\ &\leq \omega_f(\delta)+\omega_f(\delta'). \end{aligned}$$

Nach Übergang zum Supremum erhält man

$$\omega_f(\delta+\delta') \leq \omega_f(\delta)+\omega_f(\delta').$$

a) Wegen der gleichmäßigen Stetigkeit von f (vgl. An. 1, §11, Satz 4) gibt es zu vorgegebenen $\varepsilon > 0$ ein $\delta > 0$, so dass

$$\omega_f(\delta') \leq \varepsilon \quad \text{für alle } \delta' < \delta.$$

Daraus folgt $\lim_{\delta \to 0} \omega_f(\delta) = 0$, d.h. ω_f ist im Nullpunkt stetig. Für beliebige $\delta_0, \delta \in \mathbb{R}_+$ gilt nach c)

$$|\omega_f(\delta) - \omega_f(\delta_0)| \leq \omega_f(|\delta - \delta_0|),$$

also

$$\lim_{\delta \to \delta_0} \omega_f(\delta) = \omega_f(\delta_0),$$

d.h. ω_f ist im Punkt δ_0 stetig.

Aufgabe 11 F. Wegen der gleichmäßigen Stetigkeit von f gibt es zu $\varepsilon > 0$ ein $\delta > 0$, so dass

$$|f(x) - f(x')| \leq \varepsilon \quad \text{für alle } x, x' \in [a,b] \text{ mit } |x - x'| \leq \delta'.$$

Sei $a = t_0 < t_1 < \ldots < t_n = b$ eine Unterteilung des Intervalls $[a,b]$, so dass

$$|t_k - t_{k-1}| \leq \delta \quad \text{für } k = 1, \ldots, n.$$

Wir wählen nun $\varphi(t_k) = f(t_k)$, $k = 0, 1, \ldots, n$ und φ so fortgesetzt, dass φ auf jedem Intervall $[t_{k-1}, t_k]$ affin–linear ist. Sei $c_k := \sup\{f(x) \ : \ x \in [t_{k-1}, t_k]\}$. Dann gilt

$$f([t_{k-1}, t_k]) \subset [c_k - \varepsilon, c_k]$$

und ebenfalls

$$\varphi([t_{k-1}, t_k]) \subset [c_k - \varepsilon, c_k] \quad \text{für } k = 1, \ldots, n.$$

Daraus folgt

$$|f(x) - \varphi(x)| \leq \varepsilon \quad \text{für alle } x \in [a,b].$$

§ 12 Logarithmus und allgemeine Potenz

Aufgabe 12 C.

a) Wir zeigen zunächst, dass die Funktion

$$\sinh : \mathbb{R} \longrightarrow \mathbb{R}, \quad \sinh x = \frac{1}{2}(e^x - e^{-x}),$$

streng monoton wächst. Aus $x < y$ folgt nämlich

$$e^x < e^y \quad \text{und} \quad -e^{-x} < -e^{-y},$$

also

$$\frac{1}{2}(e^x - e^{-x}) < \frac{1}{2}(e^y - e^{-y}).$$

Daraus folgt (nach An. 1, §12, Satz 1), dass sinh für jedes $R > 0$ das Intervall $[-R, R]$ bijektiv auf das Intervall $[-\sinh R, \sinh R]$ abbildet. Da

$$\lim_{x \to \infty} \sinh x = \infty,$$

bildet sinh ganz $\mathbb{R}$ bijektiv auf $\mathbb{R}$ ab. Zur Berechnung von $y := \operatorname{Ar}\sinh x$ gehen wir aus von der Definitionsgleichung

$$\sinh y = x,$$

d.h.

$$e^y - e^{-y} = 2x.$$

Mit $u := e^y$ erhält man daraus $u > 0$ und

$$u - \frac{1}{u} = 2x.$$

Auflösung dieser quadratischen Gleichung für u ergibt

$$u = x + \sqrt{x^2 + 1}$$

wegen der Nebenbedingung $u > 0$. Daraus folgt

$$y = \log u = \log\left(x + \sqrt{x^2 + 1}\right).$$

b) Die strenge Monotonie der Funktion

$$\cosh : \mathbb{R} \longrightarrow \mathbb{R}, \quad \cosh x = \frac{1}{2}(e^x + e^{-x}),$$

auf dem Intervall $[0, \infty[$ kann wie folgt gezeigt werden: Sei $0 \le x < y$. Dann gilt

$$\begin{aligned} \cosh y - \cosh x &= \frac{1}{2}(e^y - e^x + e^{-y} - e^{-x}) \\ &= \frac{1}{2}(e^y - e^x)(1 - e^{-x-y}) > 0, \end{aligned}$$

da $e^{-x-y} < e^0 = 1$. Die restlichen Behauptungen werden analog zu Teil a) bewiesen.

Aufgabe 12 G.

a) Nach Definition ist $x^x = e^{x \log x}$. Nach An. 1, §12, Beispiel (12.6), hat man

$$\lim_{x \searrow 0} (x \log x) = 0.$$

Also gilt wegen der Stetigkeit der Exponentialfunktion

$$\lim_{x \searrow 0} x^x = \lim_{x \searrow 0} e^{x \log x} = e^0 = 1.$$

b) Für $n \ge 1$ ist

$$\sqrt[n]{n} = n^{1/n} = \frac{1}{(1/n)^{1/n}}.$$

Aus Teil a) folgt

$$\lim_{n \to \infty} \left(\frac{1}{n}\right)^{1/n} = \lim_{x \searrow 0} x^x = 1.$$

Daraus folgt die Behauptung.

Aufgabe 12 H. Mit Induktion zeigt man, dass

$$x_n = a^{2^{-n}} \quad \text{für alle } n \in \mathbb{N},$$

also

$$y_n = \frac{a^{2^{-n}} - 1}{2^{-n}}.$$

Mit $h_n := 2^{-n} \log a$ ergibt sich

$$y_n = \frac{e^{h_n} - 1}{h_n} \log a.$$

Da $\lim_{x \to 0} \frac{e^x - 1}{x} = 1$, vgl. An. 1, Beispiel (12.7), folgt

$$\lim_{n \to \infty} y_n = \log a.$$

Aufgabe 12 I.

a) Zunächst beweist man durch Induktion, dass

$$\prod_{n=2}^{N} \left(1 - \frac{1}{n^2}\right) = \frac{1}{2}\left(1 + \frac{1}{N}\right)$$

für alle $N \in \mathbb{N}$ mit $N \geq 2$. Daraus folgt

$$\sum_{n=2}^{N} \log\left(1 - \frac{1}{n^2}\right) = \log\left(\frac{1}{2}\left(1 + \frac{1}{N}\right)\right) = \log\left(1 + \frac{1}{N}\right) - \log 2.$$

Wegen der Stetigkeit des Logarithmus ist

$$\lim_{N \to \infty} \log\left(1 + \frac{1}{N}\right) = \log 1 = 0,$$

also konvergiert $\sum_{n=2}^{\infty} \log\left(1 - \frac{1}{n^2}\right)$ gegen $-\log 2$.

b) Da

$$1 + \frac{1}{n^2} < \frac{1}{1 - \frac{1}{n^2}},$$

für alle $n \in \mathbb{N}$ mit $n \geq 2$ folgt

$$0 < \log\left(1 + \frac{1}{n^2}\right) < -\log\left(1 - \frac{1}{n^2}\right).$$

Daher ist die Reihe $-\sum_{n=2}^{\infty} \log\left(1 - \frac{1}{n^2}\right)$ eine Majorante für die Reihe $\sum_{n=2}^{\infty} \log\left(1 + \frac{1}{n^2}\right)$, die deshalb konvergiert.

Aufgabe 12 J. Wir verwenden das Reihenverdichtungskriterium aus Aufgabe 7 H. Mit

$$a_n := \frac{1}{n \log n}, \quad b_n := \frac{1}{n(\log n)^2} \quad \text{für alle } n \in \mathbb{N} \text{ mit } n \geq 2$$

wird

$$2^k a_{2^k} = \frac{1}{k \log 2}, \quad 2^k b_{2^k} = \frac{1}{k^2 (\log 2)^2} \quad \text{für alle } k \in \mathbb{N} \text{ mit } k \geq 1.$$

Da $\sum_{k=1}^{\infty} \frac{1}{k}$ divergiert und $\sum_{k=1}^{\infty} \frac{1}{k^2}$ konvergiert, folgt die Behauptung.

Aufgabe 12 K.

a) Die stetigen Lösungen der Funktionalgleichung

$$f(x+y) = f(x) + f(y)$$

haben die Gestalt $f(x) = ax$ mit $a \in \mathbb{R}$.

Beweis: Zunächst ist klar, dass die Funktion $x \longmapsto ax$ der Funktionalgleichung genügt. Sei umgekehrt $f : \mathbb{R} \longrightarrow \mathbb{R}$ eine stetige Funktion, die der Funktionalgleichung genügt. Wir setzen

$$a := f(1).$$

Für eine natürliche Zahl $n \geq 1$ folgt aus der Funktionalgleichung

$$f(nx) = nf(x),$$

insbesondere $f(n) = na$. Aus der Funktionalgleichung folgt außerdem

$$f(0) = 0$$

und

$$f(-x) = -f(x) \quad \text{für alle } x \in \mathbb{R}.$$

Daher gilt $f(nx) = nf(x)$ für alle $n \in \mathbb{Z}$. Sei $\frac{p}{q} \in \mathbb{Q}$, $p, q \in \mathbb{Z}$, $q \neq 0$. Dann ist

$$pa = f(p) = f\left(q \cdot \frac{p}{q}\right) = qf\left(\frac{p}{q}\right),$$

d.h.

$$f\left(\frac{p}{q}\right) = \frac{p}{q}a.$$

Also gilt $f(x) = f(1)x = ax$ für alle $x \in \mathbb{Q}$. Aus der Stetigkeit von f folgt, dass $f(x) = ax$ für alle $x \in \mathbb{R}$. Denn sei $x \in \mathbb{R}$ beliebig und $(x_n)_{n\in\mathbb{N}}$ eine Folge rationaler Zahlen, die gegen x konvergiert, dann gilt

$$f(x) = f\left(\lim_{n\to\infty} x_n\right) = \lim_{n\to\infty} f(x_n) = \lim_{n\to\infty} ax_n = a \lim_{n\to\infty} x_n = ax.$$

b) Die stetigen Lösungen $g : \mathbb{R}_+^* \longrightarrow \mathbb{R}$ der Funktionalgleichung

$$g(xy) = g(x) + g(y)$$

haben die Gestalt $g(x) = a\log x$ mit $a \in \mathbb{R}$.

Beweis: Wir betrachten die zusammengesetzte Funktion

$$f := g \circ \exp,\ \mathbb{R} \overset{\exp}{\longrightarrow} \mathbb{R}_+^* \overset{g}{\longrightarrow} \mathbb{R}.$$

Diese Funktion genügt dann der Funktionalgleichung

$$f(x+y) = f(x) + f(y)$$

aus Teil a). Es gibt also ein $a \in \mathbb{R}$, so dass $f(y) = ay$ für alle $y \in \mathbb{R}$. Für $x > 0$ ist deshalb

$$g(x) = f(\log x) = a\log x.$$

c) Die stetigen Lösungen $h : \mathbb{R}_+^* \longrightarrow \mathbb{R}$ der Funktionalgleichung

$$h(xy) = h(x)h(y)$$

bestehen aus der Nullfunktion und den Funktionen der Gestalt

$$h(x) = x^a \quad \text{mit } a \in \mathbb{R}.$$

Beweis: Wegen $h(x) = h(\sqrt{x}\sqrt{x}) = h(\sqrt{x})^2$ gilt $h(x) \geq 0$ für alle $x \in \mathbb{R}_+^*$. Falls ein $x_0 \in \mathbb{R}_+^*$ existiert mit $h(x_0) = 0$, so folgt

$$h(x) = h\left(\frac{x}{x_0}\right) h(x_0) = 0 \quad \text{für alle } x \in \mathbb{R}_+^*.$$

Wir können also annehmen, dass $h(x) > 0$ für alle $x > 0$. Wir betrachten nun die zusammengesetzte Funktion

$$g := \log \circ h, \ \mathbb{R}_+^* \xrightarrow{h} \mathbb{R}_+^* \xrightarrow{\log} \mathbb{R}.$$

Die Funktion g genügt dann der Funktionalgleichung $g(xy) = g(x) + g(y)$ aus Teil b). Es gibt deshalb ein $a \in \mathbb{R}$ mit $g(x) = a \log x$ für alle $x > 0$. Daraus folgt

$$h(x) = e^{g(x)} = e^{a \log x} = x^a.$$

Bemerkung: Ähnlich wie wir hier die Lösung der Funktionalgleichungen b) und c) auf die Funktionalgleichung a) zurückgeführt haben, kann man die Funktionalgleichung a) auf die Funktionalgleichung

$$F(x+y) = F(x)F(y)$$

aus An. 1, §12, Satz 6, zurückführen und umgekehrt.

§ 13 Die Exponentialfunktion im Komplexen

Aufgabe 13 A.

a) Wir zeigen zunächst: Besitzt die Gleichung $z^2 = c$ eine Lösung $z = \xi$, so besitzt sie genau zwei Lösungen, nämlich $z = \xi$ und $z = -\xi$.

Beweis: Es ist $\xi^2 = c$, also

$$\begin{aligned} z^2 = c &\iff z^2 = \xi^2 \\ &\iff (z-\xi)(z+\xi) = 0 \\ &\iff z = \xi \text{ oder } z = -\xi. \end{aligned}$$

b) Da für jede komplexe Zahl c gilt

$$|\mathrm{Re}(c)| \leq |c|,$$

sind

$$\xi_1 := \sqrt{\frac{|c| + \mathrm{Re}(c)}{2}}, \quad \xi_2 := \sigma\sqrt{\frac{|c| - \mathrm{Re}(c)}{2}}$$

wohldefinierte reelle Zahlen. Für

$$\xi := \xi_1 + i\xi_2$$

folgt

$$\begin{aligned}
\xi^2 &= \xi_1^2 - \xi_2^2 + 2i\xi_1\xi_2 \\
&= \frac{|c| + \mathrm{Re}(c)}{2} - \frac{|c| - \mathrm{Re}(c)}{2} + 2i\sigma\sqrt{\frac{|c|^2 - \mathrm{Re}(c)^2}{4}} \\
&= \frac{|c| + \mathrm{Re}(c)}{2} - \frac{|c| - \mathrm{Re}(c)}{2} + i\sigma\sqrt{|c|^2 - \mathrm{Re}(c)^2} \\
&= \mathrm{Re}(c) + i\sigma\sqrt{\mathrm{Im}(c)^2} \\
&= \mathrm{Re}(c) + i\mathrm{Im}(c) = c.
\end{aligned}$$

Also ist ξ eine Lösung der Gleichung $z^2 = c$.

Aufgabe 13 C. Der Betrag $|1 - z|$ bedeutet den Abstand des Punktes z von 1, der Betrag $|1 + z| = |-1 - z|$ bedeutet den Abstand des Punktes z von -1. Also besteht die Menge M_1 aus allen Punkten z der Gaußschen Zahlenebene, die von -1 nicht weiter entfernt sind, als von $+1$, d.h. aus der linken Halbebene

$$H := \{z \in \mathbb{C} \,:\, \mathrm{Re}(z) \leq 0\}.$$

Diese heuristische Überlegung kann (muss) man durch folgenden exakten Beweis rechtfertigen: Für ein $z = x + iy$, $x, y \in \mathbb{R}$, gilt

$$\begin{aligned}
z \in M_1 &\iff |1 - z|^2 \geq |1 + z|^2 \\
&\iff (1 - x)^2 + y^2 \geq (1 + x)^2 + y^2 \\
&\iff (1 - x)^2 \geq (1 + x)^2 \\
&\iff -2x \geq 2x \\
&\iff x \leq 0 \\
&\iff z \in H.
\end{aligned}$$

M_2 ist die Menge aller Punkte, die von i und von $-i$ den Abstand $\sqrt{2}$ haben. Man erhält

$$M_2 := \{-1, 1\},$$

denn für ein $z = x + iy$, $x, y \in \mathbb{R}$, gilt

$$\begin{aligned} z \in M_2 &\Longleftrightarrow |z-i|^2 = |z+i|^2 = 2 \\ &\Longleftrightarrow x^2 + (y-1)^2 = x^2 + (y+1)^2 = 2 \\ &\Longleftrightarrow y = 0 \quad \text{und} \quad x^2 + 1 = 2 \\ &\Longleftrightarrow z = -1 \quad \text{oder} \quad z = 1. \end{aligned}$$

Aufgabe 13 E. Wir beweisen zunächst folgenden

Hilfssatz: Ist $\gamma_n := \max_{i,j \in \{1,\ldots,k\}} |a_{ij}^{(n)}|$, so gilt

$$\gamma_n \leq k^{n-1} \gamma_1^n \quad \text{für alle } n \geq 1.$$

Beweis: (durch Induktion nach n).

Induktionsanfang: $n = 1$.

Trivial.

Induktionsschritt: $n \longrightarrow n + 1$.

Es gilt für alle $i, j \in \{1, \ldots, k\}$

$$a_{ij}^{(n+1)} = \sum_{l=1}^{k} a_{il}^{(n)} a_{lj}^{(1)},$$

also

$$|a_{ij}^{(n+1)}| \leq k\gamma_n\gamma_1 \overset{(\mathrm{IV})}{\leq} kk^{n-1}\gamma_1^n\gamma_1 = k^n\gamma_1^{n+1}.$$

Somit ist der Hilfssatz bewiesen. □

a) Es ist zu zeigen, dass für jedes Paar $(i, j) \in \{1, \ldots, k\}^2$ die Reihe

$$\delta_{ij} + \sum_{n=1}^{\infty} \frac{1}{n!} a_{ij}^{(n)}$$

konvergiert, wobei

$$\delta_{ij} = \begin{cases} 1, & \text{falls } i = j, \\ 0, & \text{falls } i \neq j \end{cases}$$

das Kronecker–Symbol ist. Nach dem eingangs bewiesenen Hilfssatz gilt nun

$$\begin{aligned}
\sum_{n=1}^{\infty} \left| \frac{1}{n!} a_{ij}^{(n)} \right| &\leq \sum_{n=1}^{\infty} \frac{1}{n!} \gamma_n \\
&\leq \sum_{n=1}^{\infty} \frac{1}{n!} k^{n-1} \gamma_1^n \\
&= \frac{1}{k} \sum_{n=1}^{\infty} \frac{(k\gamma_1)^n}{n!} \\
&= \frac{1}{k} \left(\exp(k\gamma_1) - 1 \right),
\end{aligned}$$

somit konvergiert die Reihe $\sum_{n=1}^{\infty} \frac{1}{n!} a_{ij}^{(n)}$ nach dem Majorantenkriterium (absolut).

b) Um den Beweis wie für die Funktionalgleichung der gewöhnlichen Exponentialfunktion führen zu können (An. 1, §8, Satz 4), benötigen wir den binomischen Lehrsatz für Matrizen: Sind $A, B \in \mathrm{M}(k \times k, \mathbb{C})$ zwei Matrizen mit $AB = BA$, so gilt für alle $n \in \mathbb{N}$

$$(A+B)^n = \sum_{m=0}^{n} \binom{n}{m} A^{n-m} B^m.$$

Dies beweist man durch Induktion wie in An. 1, §1, Satz 5, da man wegen $AB = BA$ mit den Matrizen A, B genauso rechnen kann, wie im Beweis jenes Satzes mit den Zahlen x, y. (Für Matrizen A, B mit $AB \neq BA$ gilt der binomische Lehrsatz i.Allg. nicht.) Daraus folgt

$$\begin{aligned}
\sum_{n=0}^{N} \frac{1}{n!} (A+B)^n &= \sum_{n=0}^{N} \frac{1}{n!} \sum_{m=0}^{n} \binom{n}{m} A^{n-m} B^m \\
&= \sum_{n=0}^{N} \sum_{m=0}^{n} \frac{1}{(n-m)!m!} A^{n-m} B^m \\
&= \sum_{n+m \leq N} \frac{A^n}{n!} \cdot \frac{B^m}{m!}.
\end{aligned}$$

Man zeigt jetzt ähnlich wie in An. 1, §8, Satz 3, dass

$$\lim_{N\to\infty} \sum_{n+m \leq N} \frac{A^n}{n!} \cdot \frac{B^m}{m!} = \lim_{N\to\infty} \left(\sum_{n=0}^{N} \frac{A^n}{n!} \right) \left(\sum_{m=0}^{N} \frac{B^m}{m!} \right).$$

Daraus folgt

$$\exp(A+B) = \exp(A)\exp(B).$$

§ 14 Trigonometrische Funktionen

Aufgabe 14 A.

a) Es gilt für alle $k \in \{1, \dots, n\}$

$$\begin{aligned} |A_k^{(n)} - A_{k-1}^{(n)}| &= \left| e^{i\frac{k}{n}x} - e^{i\frac{k-1}{n}x} \right| \\ &= \left| e^{i\frac{2k-1}{2n}x} \left(e^{i\frac{x}{2n}} - e^{-i\frac{x}{2n}} \right) \right| \\ &= 2 \left| \frac{e^{\frac{ix}{2n}} - e^{-\frac{ix}{2n}}}{2i} \right| = 2 \left| \sin \frac{x}{2n} \right|, \end{aligned}$$

also

$$L_n = \sum_{k=1}^{n} \left| A_k^{(n)} - A_{k-1}^{(n)} \right| = 2n \left| \sin \frac{x}{2n} \right|.$$

b) Die zu beweisende Formel ist trivial für $x = 0$. Wir können also $x \neq 0$ voraussetzen. Es gilt

$$2n \sin \frac{x}{2n} = x \cdot \frac{\sin \frac{x}{2n}}{\frac{x}{2n}}.$$

Da $\lim\limits_{h \to 0} \frac{\sin h}{h} = 1$ nach An. 1, §14, Corollar zu Satz 5, folgt

$$\lim_{n \to \infty} \left(2n \sin \frac{x}{2n} \right) = x.$$

Die Aufgabe läßt sich geometrisch wie folgt interpretieren:

Die Polygonzüge $A_0^{(n)} A_1^{(n)} \cdots A_n^{(n)}$ schmiegen sich für $n \longrightarrow \infty$ immer mehr dem Kreisbogen $t \longmapsto e^{it}$, $0 \leq t \leq x$, (bzw. $x \leq t \leq 0$, falls $x < 0$), an; nach Teil b) konvergieren ihre Längen L_n gegen $|x|$. Man kann also x als die orientierte Länge dieses Kreisbogens deuten.

Aufgabe 14 B.

a) Wir behandeln zunächst den Fall $x = \frac{\pi}{4}$. Da $\sin x = \cos\left(\frac{\pi}{2} - x\right)$, folgt

$$\sin\frac{\pi}{4} = \cos\frac{\pi}{4}.$$

Andererseits ist

$$\cos^2\left(\frac{\pi}{4}\right) + \sin^2\left(\frac{\pi}{4}\right) = 1,$$

also $\cos^2\left(\frac{\pi}{4}\right) = \frac{1}{2}$. Da der Cosinus im Intervall $\left[0, \frac{\pi}{2}\right[$ positiv ist, folgt

$$\cos\frac{\pi}{4} = \frac{1}{\sqrt{2}} = \frac{\sqrt{2}}{2} = \sin\frac{\pi}{4}$$

und

$$\tan\frac{\pi}{4} = 1.$$

b) Für den Fall $x = \frac{\pi}{3}$ setzen wir

$$z := e^{i\frac{\pi}{3}}.$$

Da

$$0 = z^3 + 1 = (z+1)(z^2 - z + 1)$$

folgt, da $z \neq -1$,

$$z^2 - z + 1 = 0, \text{ also } z + \frac{1}{z} = 1.$$

Da aber

$$z + \frac{1}{z} = e^{i\frac{\pi}{3}} + e^{-i\frac{\pi}{3}} = 2\cos\frac{\pi}{3},$$

erhält man

$$\cos\frac{\pi}{3} = \frac{1}{2}$$

und weiter

$$\sin\frac{\pi}{3} = \frac{\sqrt{3}}{2}, \qquad \tan\frac{\pi}{3} = \sqrt{3}.$$

Nun ist

$$\sin\frac{\pi}{6} = \cos\frac{\pi}{3} = \frac{1}{2}, \quad \text{und} \quad \cos\frac{\pi}{6} = \sin\frac{\pi}{3} = \frac{\sqrt{3}}{2},$$

also

$$\tan\frac{\pi}{6} = \frac{1}{\sqrt{3}} = \frac{\sqrt{3}}{3}.$$

c) Zur Berechnung der trigonometrischen Funktionen an der Stelle $x = \frac{\pi}{5}$ setzen wir

$$z := e^{i\frac{\pi}{5}}.$$

Aus $z^5 = e^{i\pi} = -1$ folgt

$$0 = z^5 + 1 = (z+1)(z^4 - z^3 + z^2 - z + 1).$$

Wegen $z \neq -1$ ergibt sich

$$z^4 - z^3 + z^2 - z + 1 = 0,$$

und

$$z^2 - z + 1 - \frac{1}{z} + \frac{1}{z^2} = 0.$$

Substituieren wir hierin

$$u := z + \frac{1}{z} = e^{i\frac{\pi}{5}} + e^{-i\frac{\pi}{5}} = 2\cos\frac{\pi}{5} > 0,$$

erhalten wir

$$u^2 - u - 1 = 0.$$

Diese quadratische Gleichung hat die Lösungen

$$u = \frac{1}{2} \pm \sqrt{1 + \frac{1}{4}} = \frac{1}{2}(1 \pm \sqrt{5}).$$

In unserem Fall kommt nur die positive Lösung in Frage, d.h.

$$\cos\frac{\pi}{5} = \frac{u}{2} = \frac{1+\sqrt{5}}{4}.$$

Daraus ergibt sich

$$\sin\frac{\pi}{5} = \sqrt{1 - \cos^2\left(\frac{\pi}{5}\right)} = \sqrt{\frac{5-\sqrt{5}}{8}},$$

$$\tan\frac{\pi}{5} = \sqrt{5 - 2\sqrt{5}}.$$

Bemerkung: Dass die Winkelfunktionen von $\frac{\pi}{5}$ sich allein mit Hilfe von Quadratwurzeln ausdrücken lassen, hängt damit zusammen, dass sich

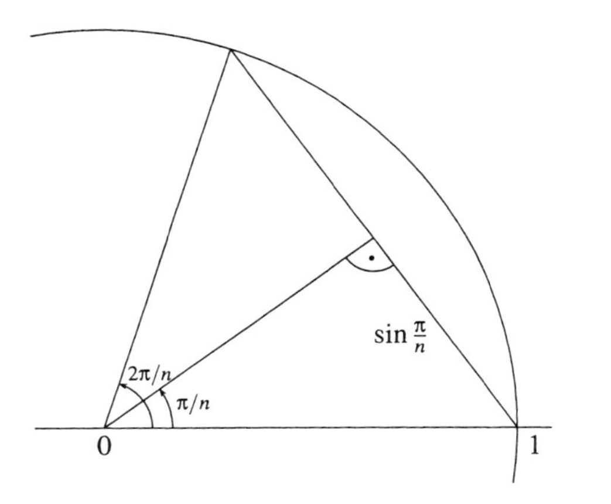

Bild 14.1

das regelmäßige Zehneck mit Zirkel und Lineal konstruieren lässt. Die Seitenlänge des dem Einheitskreis einbeschriebenen regelmäßigen n–Ecks beträgt

$$s_n = 2\sin\frac{\pi}{n},$$

vgl. Bild 14.1, speziell ist $s_{10} = 2\sin\frac{\pi}{10}$. Zur Berechnung verwenden wir die Formel

$$\sin^2\left(\frac{\alpha}{2}\right) = \frac{1-\cos\alpha}{2}.$$

Es ergibt sich

$$s_{10} = 2\sin\frac{\pi}{10} = \sqrt{2-2\cos\frac{\pi}{5}} = \sqrt{\frac{6-2\sqrt{5}}{4}} = \frac{\sqrt{5}-1}{2}.$$

Diese Größe kann man wie folgt konstruieren, vgl. Bild 14.2. OAM ist ein rechtwinkliges Dreieck mit den Seitenlängen $\overline{OA} = 1$ und $\overline{OM} = \frac{1}{2}$. Nach dem Satz des Pythagoras ist dann $\overline{AM} = \frac{\sqrt{5}}{2}$. Der Punkt P auf der Strecke AM wird so konstruiert, dass $\overline{MO} = \overline{MP}$. Dann ist

$$\overline{AP} = \frac{\sqrt{5}}{2} - \frac{1}{2} = s_{10}.$$

Das allgemeine Problem, welche regelmäßige n–Ecke mit Zirkel und Lineal konstruiert werden können, ist von C.F. Gauß gelöst worden. (Ins-

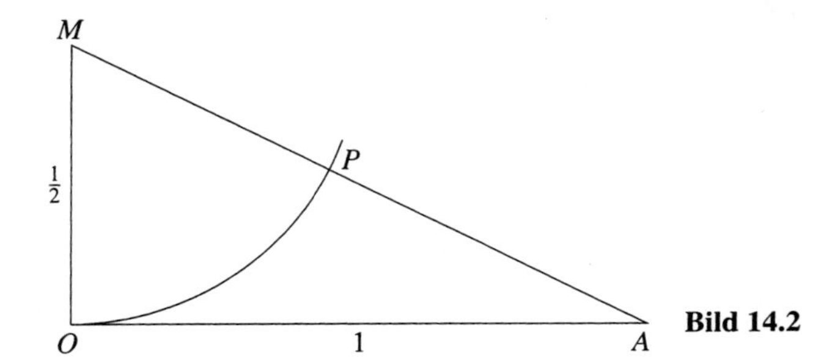

Bild 14.2

besondere ist das regelmäßige Siebzehneck konstruierbar, nicht aber das regelmäßige Siebeneck.) Vgl. dazu

B.L. van der Waerden: Algebra I, Heidelberger Taschenbücher, Springer–Verlag.

G. Fischer und R. Sacher: Einführung in die Algebra. Teubner Studienbücher.

Aufgabe 14 C. Es gilt

$$\begin{aligned} \cos^3 x &= \frac{1}{8}\left(e^{ix}+e^{-ix}\right)^3 \\ &= \frac{1}{8}\left(e^{3ix}+e^{-3ix}\right)+\frac{3}{8}\left(e^{ix}+e^{-ix}\right) \\ &= \frac{1}{4}\cos(3x)+\frac{3}{4}\cos x. \end{aligned}$$

Bemerkungen:

a) Mit $\alpha = 3x$ wird aus der Formel

$$4\left(\cos\frac{\alpha}{3}\right)^3 - 3\cos\frac{\alpha}{3} = \cos\alpha.$$

Die Dreiteilung eines Winkels α ist also mit der Lösung der Gleichung 3. Grades

$$4t^3 - 3t = \cos\alpha$$

äquivalent. Durch Betrachtung dieser Gleichung kann man zeigen, dass für einen allgemeinen Winkel α die Dreiteilung mit Zirkel und Lineal unmöglich ist, vgl. dazu die in Aufgabe 14 B zitierten Bücher über Algebra.

b) Die oben bewiesene Formel lässt sich auch dazu benutzen, um gewisse Gleichungen 3. Grades mit Hilfe von trigonometrischen Funktionen zu lösen. Die allgemeine Gleichung 3. Grades kann man stets so transformieren, dass der Koeffizient von x^2 verschwindet. Wir schreiben die Gleichung in der Gestalt

$$x^3 - 3ax = b \tag{1}$$

und machen folgende Annahmen:

$$a, b \in \mathbb{R} \tag{2}$$

$$a > 0, \tag{3}$$

$$b^2 \leq 4a^3. \tag{4}$$

Dies bedeutet, dass b zwischen dem Maximum und dem Minimum der Funktion $x \longmapsto x^3 - 3ax$ liegt, vgl. Bild 14.3.

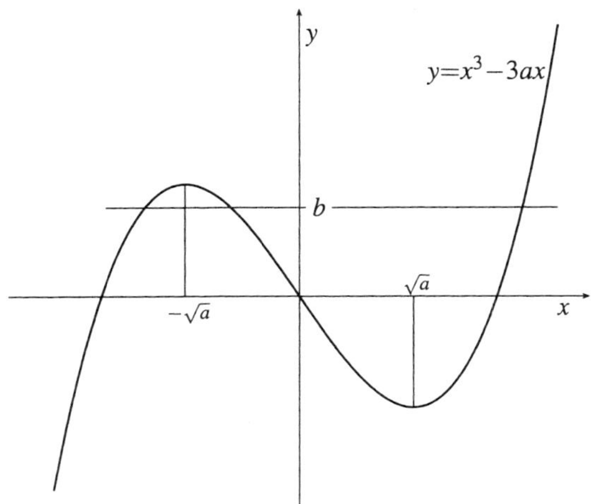

Bild 14.3

Mit der Substitution $x = ct$ wird aus der Gleichung (1)

$$4t^3 - 3 \cdot \frac{4a}{c^2} t = \frac{4b}{c^3}.$$

Setzt man $c := 2\sqrt{a}$, so erhält man

$$4t^3 - 3t = u$$

mit

$$u = \frac{4b}{c^3} = \frac{b}{2\sqrt{a^3}}.$$

Nach Voraussetzung (4) ist $|u| \leq 1$, es gibt also ein $\alpha \in [0, \pi]$ mit $u = \cos\alpha$. Die Gleichung $4t^3 - 3t = u$ hat dann die lösungen

$$t_k = \cos\frac{\alpha + 2k\pi}{3}, \; k = 0, 1, 2.$$

Man überlegt sich leicht, dass t_0, t_1, t_2 untereinander verschieden sind, außer für $u = \pm 1$. Für $u = \pm 1$ gilt $t_0 \neq t_1 = t_2$.

Aufgabe 14 D. Aus dem Additionstheorem für den Cosinus folgt

$$\cos(\alpha + \beta) + \cos(\alpha - \beta) = 2\cos\alpha\cos\beta.$$

Setzt man darin $\alpha = nt$, $\beta = t$, erhält man

$$\cos(n+1)t = 2\cos nt \cos t - \cos(n-1)t.$$

Mit $x := \cos t$ wird daraus

$$T_{n+1}(x) = 2xT_n(x) - T_{n-1}(x).$$

Da $T_0(x) = 1$ und $T_1(x) = x$, erhält man daraus durch Induktion, dass T_n ein Polynom n–ten Grades mit ganzzahligen Koeffizienten ist.

Aufgabe 14 G. Aus der Voraussetzung über x folgt, dass $u = \tan\frac{x}{2}$ wohldefiniert ist. Mit

$$z := e^{i\frac{x}{2}}$$

wird

$$u = \frac{1}{i} \cdot \frac{z - z^{-1}}{z + z^{-1}},$$

und

$$1 + u^2 = \frac{(z + z^{-1})^2 - (z - z^{-1})^2}{(z + z^{-1})^2} = \frac{4}{(z + z^{-1})^2},$$

also

$$\frac{2u}{1+u^2} = \frac{1}{2i}(z-z^{-1})(z+z^{-1})$$
$$= \frac{1}{2i}(z^2-z^{-2}) = \sin x.$$

Die Formel für $\cos x$ beweist man analog.

Bemerkung: Mit Hilfe der Formeln

$$\cos x = \frac{1-u^2}{1+u^2}, \quad \sin x = \frac{2u}{1+u^2}$$

für $u = \tan\frac{x}{2}$ lassen sich alle rationalen Lösungen $(\xi,\eta) \in \mathbb{Q}^2$ der Gleichung

$$\xi^2 + \eta^2 = 1 \tag{1}$$

bestimmen. Zu jeder Lösung $(\xi,\eta) \in \mathbb{R}^2$ von (1) gibt es nämlich ein $x \in \mathbb{R}$, so dass

$$\xi = \cos x, \quad \eta = \sin x.$$

Mit $u = \tan\frac{x}{2}$ wird dann

$$\xi = \frac{1-u^2}{1+u^2}, \quad \eta = \frac{2u}{1+u^2}, \tag{2}$$

woraus folgt

$$u = \frac{1-\xi}{\eta} \quad \text{falls } \eta \neq 0.$$

Daher gilt $(\xi,\eta) \in \mathbb{Q}^2$ genau dann, wenn $u \in \mathbb{Q}$. Daher gibt (2) eine Parameterdarstellung für die rationalen Lösungen von (1) (mit Ausnahme der Lösung $(-1,0)$, für die $\tan\frac{x}{2}$ nicht definiert ist.)

Durch die Multiplikation mit einem gemeinsamen Nenner erhält man daraus alle „pythagoräischen Tripel", d.h. Tripel ganzer Zahlen p, q, r, die der Gleichung

$$p^2 + q^2 = r^2$$

genügen.

Aufgabe 14 H. Aus Aufgabe 14 G folgt

$$\tan\alpha = \frac{2\tan\left(\frac{\alpha}{2}\right)}{1-\tan^2\left(\frac{\alpha}{2}\right)}$$

und daraus

$$\tan\frac{\alpha}{2} = \frac{\tan\alpha}{1+\sqrt{1+\tan^2\alpha}} \quad \text{für } |\alpha| < \tfrac{\pi}{2}.$$

Wir setzen $u = \arctan x$, d.h. $x = \tan u$. Aus der Rekursionsformel

$$x_{n+1} = \frac{x_n}{1+\sqrt{1+x_n^2}}$$

ergibt sich durch Induktion

$$x_n = \tan\frac{u}{2^n}.$$

Aus An. 1, Corollar zu §14, Satz 5, folgt

$$\lim_{h\to 0}\frac{\tan h}{h} = \lim_{h\to 0}\left(\frac{\sin h}{h}\cdot\frac{1}{\cos h}\right) = 1.$$

Daraus folgt für alle $u \in \mathbb{R}$

$$\lim_{h\to 0}\frac{\tan(uh)}{h} = u.$$

Also ist

$$\lim_{n\to\infty} 2^n x_n = \lim_{n\to\infty}\frac{\tan(2^{-n}u)}{2^{-n}} = u = \arctan x.$$

Aufgabe 14 J. Sei

$$E := \begin{pmatrix} 1 & 0 \\ 0 & 1 \end{pmatrix} \quad \text{und} \quad I := \begin{pmatrix} 0 & -1 \\ 1 & 0 \end{pmatrix}.$$

Man beweist leicht durch Induktion

$$I^{2k} = (-1)^k E, \quad I^{2k+1} = (-1)^k I$$

für alle $k \in \mathbb{N}$. Nun ist

$$\exp\begin{pmatrix} 0 & -t \\ t & 0 \end{pmatrix} = \exp(tI) = \sum_{n=0}^{\infty}\frac{t^n}{n!}I^n = \begin{pmatrix} a_{11}(t) & a_{12}(t) \\ a_{21}(t) & a_{22}(t) \end{pmatrix}$$

mit

$$a_{11}(t) = a_{22}(t) = \sum_{k=0}^{\infty}\frac{(-1)^k}{(2k)!}t^{2k} = \cos t,$$

$$a_{21}(t) = -a_{12}(t) = \sum_{k=0}^{\infty}\frac{(-1)^k}{(2k+1)!}t^{2k+1} = \sin t.$$

§ 15 Differentiation

Aufgabe 15 A. Wir behandeln als Beispiel nur die Funktion f_1. Die Lösung wird besonders einfach, wenn man die „logarithmische Ableitung“ benutzt: Ist $h : I \longrightarrow \mathbb{R}_+^*$ eine differenzierbare Funktion auf dem Intervall $I \subset \mathbb{R}$, so gilt nach der Kettenregel

$$\frac{d}{dx}\log h(x) = \frac{h'(x)}{h(x)},$$

also

$$h'(x) = h(x)\frac{d}{dx}\log h(x).$$

Wir wenden dies zunächst auf die Funktion

$$g : \mathbb{R}_+^* \longrightarrow \mathbb{R}_+^*,\ g(x) := x^x,$$

an und erhalten

$$g'(x) = g(x)\frac{d}{dx}(x\log x) = g(x)(\log x + 1).$$

Daraus folgt weiter für $f_1(x) = x^{g(x)}$

$$\begin{aligned} f_1'(x) &= f_1(x)\frac{d}{dx}(g(x)\log x) \\ &= f_1(x)\left(g(x)(\log x + 1)\log x + \frac{g(x)}{x}\right) \\ &= f_1(x)g(x)\left((\log x)^2 + \log x + \frac{1}{x}\right), \end{aligned}$$

d.h.

$$\frac{d}{dx}x^{(x^x)} = \left((\log x)^2 + \log x + \frac{1}{x}\right)x^x x^{(x^x)}.$$

Analog erhält man für die anderen Funktionen

$$\begin{aligned} \frac{d}{dx}(x^x)^x &= x(2\log x + 1)(x^x)^x, \\ \frac{d}{dx}x^{(x^a)} &= (a\log x + 1)x^{a-1}x^{(x^a)}, \\ \frac{d}{dx}x^{(a^x)} &= \left(\log a\log x + \frac{1}{x}\right)a^x x^{(a^x)}, \\ \frac{d}{dx}a^{(x^x)} &= \log a(\log x + 1)x^x a^{(x^x)}. \end{aligned}$$

Aufgabe 15 C. Differenzieren wir die Funktion

$$f(x) = \frac{\sin x}{\sqrt{x}} = \sin x \cdot \frac{1}{\sqrt{x}}$$

mit der Produktregel, erhalten wir

$$\begin{aligned} f'(x) &= \frac{\cos x}{\sqrt{x}} - \frac{1}{2} \cdot \frac{\sin x}{\sqrt{x^3}}, \\ f''(x) &= -\frac{\sin x}{\sqrt{x}} - \frac{\cos x}{\sqrt{x^3}} + \frac{3}{4} \cdot \frac{\sin x}{\sqrt{x^5}}. \end{aligned}$$

Damit ergibt sich

$$\begin{aligned} \sqrt{x} f''(x) &= -\sin x - \frac{\cos x}{x} + \frac{3}{4} \cdot \frac{\sin x}{x^2}, \\ \sqrt{x} \frac{1}{x} f'(x) &= \frac{\cos x}{x} - \frac{1}{2} \cdot \frac{\sin x}{x^2}, \\ \sqrt{x}\left(1 - \frac{1}{4x^2}\right) f(x) &= \sin x - \frac{1}{4} \cdot \frac{\sin x}{x^2}. \end{aligned}$$

Durch Addieren dieser Gleichungen erhält man

$$\sqrt{x}\left(f''(x) + \frac{1}{x} f'(x) + \left(1 - \frac{1}{4x^2}\right) f(x)\right) = 0, \quad \text{q.e.d.}$$

Bemerkung: Eine Funktion $Z : \mathbb{R}_+^* \longrightarrow \mathbb{C}$, die der „Besselschen Differentialgleichung“ der Ordnung p,

$$Z''(x) + \frac{1}{x} Z'(x) + \left(1 - \frac{p^2}{x^2}\right) Z(x) = 0$$

genügt, heißt Zylinderfunktion der Ordnung p. Die vorliegende Aufgabe zeigt also, dass die Funktion

$$\mathbb{R}_+^* \longrightarrow \mathbb{R}, \quad x \longmapsto \frac{\sin x}{\sqrt{x}}$$

eine Zylinderfunktion der Ordnung $p = \frac{1}{2}$ ist.

Aufgabe 15 D. Es ist klar, dass f auf $\mathbb{R}^*$ beliebig oft differenzierbar ist und dass für alle $k \in \{1, \ldots, n\}$ gilt

$$f^{(k)}(x) = \begin{cases} 0, & \text{falls } x < 0, \\ c_k x^{n+1-k}, & \text{falls } x > 0, \end{cases}$$

wobei

$$c_k = \prod_{m=n-k+2}^{n+1} m.$$

Wir zeigen jetzt durch Induktion, dass die k–te Ableitung von f für alle $k \in \{1, \ldots, n\}$ auch im Nullpunkt existiert und dass gilt

$$f^{(k)}(0) = 0 \quad \text{für alle } k \in \{0, \ldots, n\}.$$

Dann ist $f^{(k)}$ auf ganz $\mathbb{R}$ stetig.

Induktionsanfang: $k = 0$.

Trivial, denn $f^{(0)}(0) = f(0) = 0$.

Induktionsschritt: $k \longrightarrow k+1$, $(k < n)$.

Wir haben zu zeigen, dass der Differenzenquotient

$$\frac{f^{(k)}(x) - f^{(k)}(0)}{x - 0}$$

für $x \longrightarrow 0$ gegen Null konvergiert. Es ist

$$\left| \frac{f^{(k)}(x) - f^{(k)}(0)}{x - 0} \right| \leq \left| \frac{c_k x^{n-k+1}}{x} \right| = \left| c_k x^{n-k} \right|.$$

Da $n - k \geq 1$, strebt dies für $x \longrightarrow 0$ gegen Null.

Aufgabe 15 E. Für $x \neq 0$ ist g Komposition und Produkt differenzierbarer Funktionen und daher nach der Produkt– und Kettenregel selbst wieder differenzierbar. Für $x \neq 0$ gilt außerdem

$$\begin{aligned} g'(x) &= 2x \cos \frac{1}{x} - x^2 \sin \frac{1}{x} \left(-\frac{1}{x^2} \right) \\ &= 2x \cos \frac{1}{x} + \sin \frac{1}{x}. \end{aligned}$$

Zum Nachweis der Differenzierbarkeit im Nullpunkt wird gezeigt, dass der Limes der Differentialquotienten existiert. Sei $h \neq 0$. Dann ist

$$\frac{g(h) - g(0)}{h} = \frac{h^2 \cos \frac{1}{h}}{h} = h \cos \frac{1}{h}.$$

Wegen $\left|\cos\frac{1}{h}\right| \leq 1$ gilt

$$\lim_{\substack{h\to 0\\ h\neq 0}} \left(h\cos\frac{1}{h}\right) = 0.$$

Also ist g auch im Nullpunkt differenzierbar, und es gilt $g'(0) = 0$.

g ist ein Beispiel für eine differenzierbare Funktion, deren Ableitung nicht stetig ist, denn der Grenzwert $\lim\limits_{x\to 0} g'(x)$ existiert nicht, da $\lim\limits_{x\to 0} \sin\frac{1}{x}$ nicht existiert.

Aufgabe 15 H. Es ergibt sich für alle $x \in \mathbb{R}$

$$\sinh' x = \cosh x, \quad \cosh' x = \sinh x, \quad \tanh' x = \frac{1}{\cosh^2(x)}.$$

Bemerkung: Diese Formeln sind analog denen für die trigonometrischen Funktionen, jedoch insofern einfacher als erstens kein Minuszeichen auftritt und zweitens die Funktion cosh nirgends null wird.

Aufgabe 15 I. Es gilt

$$\tanh x = \frac{\sinh x}{\cosh x} = \frac{1-e^{-2x}}{1+e^{-2x}}.$$

Für $x < x'$ ist $e^{-2x} > e^{-2x'}$, also

$$\tanh x = \frac{1-e^{-2x}}{1+e^{-2x}} < \frac{1-e^{-2x'}}{1+e^{-2x'}} = \tanh x',$$

d.h. tanh ist streng monoton wachsend. Außerdem folgt

$$\lim_{x\to\infty} \tanh x = 1.$$

Aus der Darstellung

$$\tanh x = \frac{e^{2x}-1}{e^{2x}+1}$$

erkennt man , dass

$$\lim_{x\to-\infty} \tanh x = -1.$$

Daraus folgt, dass tanh ganz $\mathbb{R}$ auf das Intervall $]-1,1[$ bijektiv abbildet. Wegen $\tanh'(x) \neq 0$ für alle $x \in \mathbb{R}$ ist nach An. 1, §15, Satz 3, die Umkehrfunktion

Ar tanh in jedem Punkt $x \in]-1,1[$ differenzierbar und es gilt mit $y = \text{Ar tanh}\, x$

$$\begin{aligned} \text{Ar tanh}'(x) &= \frac{1}{\tanh'(y)} = \cosh^2(y) \\ &= \frac{\cosh^2(y)}{\cosh^2(y) - \sinh^2(y)} = \frac{1}{1 - \tanh^2(y)} \\ &= \frac{1}{1-x^2}. \end{aligned}$$

Aufgabe 15 J. Wir behandeln nur Teil a). Mit der Abkürzung D^k für $\frac{d^k}{dx^k}$ lautet die Behauptung

$$D^n(fg) = \sum_{k=0}^{n} \binom{n}{k} (D^{n-k}f)(D^k g).$$

Diese Formel erinnert an den binomischen Lehrsatz und kann auch analog dazu mittels vollständiger Induktion bewiesen werden.

Induktionsanfang: $n = 0$.

Trivial.

Induktionsschritt: $n \longrightarrow n+1$.

$$\begin{aligned} D^{n+1}(fg) &= D(D^n(fg)) \\ &\overset{(IV)}{=} D\left(\sum_{k=0}^{n} \binom{n}{k} D^{n-k} f D^k g\right) \\ &= \sum_{k=0}^{n} \binom{n}{k} (D^{n+1-k} f D^k g + D^{n-k} f D^{k+1} g) \\ &= (D^{n+1} f) g + \sum_{k=1}^{n} \left\{ \binom{n}{k} + \binom{n}{k-1} \right\} D^{n+1-k} f D^k g \\ &\quad + \binom{n}{n} f D^{n+1} g \\ &= \binom{n+1}{0} D^{n+1} f D^0 g + \sum_{k=1}^{n} \binom{n+1}{k} D^{n+1-k} f D^k g \\ &\quad + \binom{n+1}{n+1} D^0 f D^{n+1} g \\ &= \sum_{k=0}^{n+1} \binom{n+1}{k} D^{n+1-k} f D^k g. \end{aligned}$$

Bemerkung: Man kann übrigens aus der Leibnizschen Formel und der Funktionalgleichung der Exponentialfunktion den Binomischen Lehrsatz zurückgewinnen. Wir gehen dazu aus von der Formel

$$\left(\frac{d}{dt}\right)^k e^{t\xi} = \xi^k e^{t\xi},$$

wobei $\xi \in \mathbb{R}$ eine beliebige Konstante ist. Anwendung von $\left(\frac{d}{dt}\right)^n$ auf beide Seiten der Gleichung

$$e^{t(x+y)} = e^{tx} e^{ty}$$

liefert

$$(x+y)^n e^{t(x+y)} = \sum_{k=0}^{n} \binom{n}{k} x^{n-k} e^{tx} y^k e^{ty}.$$

Setzt man hierin $t = 0$, erhält man den Binomischen Lehrsatz.

Aufgabe 15 K.

a) Sei $\sigma : \mathbb{R} \longrightarrow \mathbb{R}$ die Spiegelung am Nullpunkt, d.h.

$$\sigma(x) = -x \quad \text{für } x \in \mathbb{R}.$$

Es gilt $\sigma'(x) = -1$ für alle $x \in \mathbb{R}$. Eine Funktion $f : \mathbb{R} \longrightarrow \mathbb{R}$ ist offenbar genau dann gerade (bzw. ungerade), wenn

$$f = f \circ \sigma \qquad (\text{bzw. } f = -f \circ \sigma).$$

Ist f differenzierbar, so folgt aus der Kettenregel

$$f \text{ gerade} \Longrightarrow f' = (f \circ \sigma)' = (f' \circ \sigma)\sigma' = -f' \circ \sigma,$$
$$f \text{ ungerade} \Longrightarrow f' = -(f \circ \sigma)' = f' \circ \sigma.$$

Daraus folgt die Behauptung.

b) Gilt $a_{2k+1} = 0$ (bzw. $a_{2k} = 0$) für alle k, so folgt direkt $f(x) = f(-x)$ (bzw. $f(x) = -f(x)$) für alle $x \in \mathbb{R}$. Die Umkehrung beweisen wir durch Induktion nach dem Grad n.

Induktionsanfang: $n = 0$.

Trivial.

Induktionsschritt: $(n-1) \longrightarrow n$.

$$f'(x) = a_1 + 2a_2x + \ldots + na_nx^{n-1} \quad \text{für alle } x \in \mathbb{R}.$$

Ist f gerade (bzw. ungerade), so ist nach Teil a) die Funktion f' ungerade (bzw. gerade), also nach Induktionsvoraussetzung

$$a_{2k+1} = 0 \quad \text{für alle } k \geq 0, \quad (\text{bzw. } a_{2k} = 0 \quad \text{für alle } k \geq 1).$$

Außerdem gilt, falls f ungerade ist, $f(0) = -f(0) = 0$, d.h. $a_0 = 0$. Daraus folgt die Behauptung.

§ 16 Lokale Extrema. Mittelwertsatz. Konvexität

Aufgabe 16 A. Da $\lim\limits_{x \to \infty} f(x) = 0$, gibt es ein $R > 1$, so dass

$$f(x) < f(1) = \frac{1}{e} \quad \text{für alle } x \geq R.$$

Falls daher f in einem Punkt $x_0 \in \mathbb{R}_+$ sein (absolutes) Maximum annimmt, gilt $x_0 \in [0, R]$. Andererseits gibt es tatsächlich einen solchen Punkt x_0, da eine stetige Funktion auf einem beschränkten abgeschlossenen Intervall ihr Maximum annimmt (An. 1, §11, Satz 2). Es ist sogar $x_0 \in \,]0, R[$, daher hat f in x_0 auch ein relatives Extremum, also ist $f'(x_0) = 0$. Nun ist

$$f'(x) = nx^{n-1}e^{-x} - x^ne^{-x} = (n-x)x^{n-1}e^{-x},$$

d.h. $x = n$ ist die einzige Nullstelle von f' in $\mathbb{R}_+^*$. Daher ist $x_0 = n$, und diese Stelle ist zugleich das einzige relative Maximum.

Aufgabe 16 D. Wir schicken der Behandlung von Teil a) einen kurzen Beweis der Tatsache voraus, dass ein Polynom n–ten Grades

$$f(z) = c_nz^n + c_{n-1}z^{n-1} + \ldots + c_0, \quad (c_k \in \mathbb{C}, \, c_n \neq 0),$$

höchstens n paarweise verschiedene Nullstellen $z_1, \ldots, z_n \in \mathbb{C}$ besitzen kann.

Beweis durch Induktion nach n.

Induktionsanfang: $n = 0$.

Trivial.

Induktionsschritt: $(n-1) \longrightarrow n$.

Annahme: f hat $n+1$ paarweise verschiedene Nullstellen $z_1, \ldots, z_{n+1} \in \mathbb{C}$. Wir betrachten das Polynom

$$g(z) := f(z) - c_n \prod_{k=1}^{n} (z - z_k).$$

Dieses Polynom hat einen Grad $\leq (n-1)$ und verschwindet an den Stellen $z_1, \ldots, z_n$, muss also nach Induktionsvoraussetzung identisch null sein, d.h.

$$f(z) = c_n \prod_{k=1}^{n} (z - z_k).$$

Daraus folgt aber $f(z_{n+1}) \neq 0$, Widerspruch. □

a) Für den Beweis kann man natürlich auf den Faktor $\frac{1}{2^n n!}$ verzichten. Wir setzen

$$F_n(x) = D^n[(x^2-1)^n],$$

wobei $D^n = \left(\frac{d}{dx}\right)^n$. Es ist klar, dass F_n ein Polynom n–ten Grades ist. Wir halten n fest und beweisen die folgende Aussage (A.k) für $k = 0, \ldots, n$ durch Induktion.

(A.k) $\begin{cases} \text{Es gilt} \\ \qquad F_{nk}(x) := D^k(x^2-1)^n = g_k(x)(x^2-1)^{n-k}, \\ \text{wobei } g_k \text{ ein Polynom } k\text{–ten Grades mit } k \text{ verschiedenen} \\ \text{Nullstellen im Intervall }]-1, 1[\text{ ist.} \end{cases}$

Induktionsanfang: $k = 0$.

Trivial.

Induktionsschritt: $k \longrightarrow k+1$.

Die Aussage sei für $k < n$ schon bewiesen. Die Funktion F_{nk} hat genau $k+2$ Nullstellen

$$-1 = x_0 < x_1 < \ldots < x_k < x_{k+1} = 1.$$

Aus dem Satz von Rolle folgt dann, dass die Funktion $F'_{nk} = F_{n,k+1}$ mindestens $k+1$ Nullstellen y_i mit

$$x_{i-1} < y_i < x_i, \; i = 1, \ldots k+1$$

hat. Andererseits ist

$$F_{n,k+1}(x) = F'_{nk}(x) = g_{k+1}(x)(x^2-1)^{n-k-1}$$

mit

$$g_{k+1}(x) = g'_k(x)(x^2-1) + 2(n-k)xg_k(x).$$

g_{k+1} ist also ein Polynom vom Grad $k+1$ mit den Nullstellen $y_1, \ldots, y_{k+1}$. Nach der Vorbemerkung kann g_{k+1} keine weiteren Nullstellen haben.

Da $F_{nn} = F_n$, folgt aus (A.n) die Behauptung.

b) Nach der Leibnizformel (vgl. Aufgabe 15 J) gilt

$$\begin{aligned}
&D^{n+1}[(x^2-1)D(x^2-1)^n] \\
=\ &(x^2-1)D^{n+2}(x^2-1)^n + (n+1)2xD^{n+1}(x^2-1)^n \\
&+ \frac{n(n+1)}{2}2D^n(x^2-1)^n \\
=\ &(x^2-1)F''_n + (n+1)2xF'_n + n(n+1)F_n.
\end{aligned}$$

Andererseits ist

$$\begin{aligned}
&D^{n+1}[(x^2-1)D(x^2-1)^n] \\
=\ &D^{n+1}[(x^2-1)2nx(x^2-1)^{n-1}] \\
=\ &2nD^{n+1}[x(x^2-1)^n] \\
=\ &2nxD^{n+1}(x^2-1)^n + 2n(n+1)D^n(x^2-1)^n \\
=\ &2nxF'_n + 2n(n+1)F_n.
\end{aligned}$$

Zusammen erhält man

$$(x^2-1)F''_n + (n+1)2xF'_n + n(n+1)F_n = 2nxF'_n + 2n(n+1)F_n,$$

also

$$(1-x^2)F''_n - 2xF'_n + n(n+1)F_n = 0.$$

Aufgabe 16 E. Sei $a \in D$ ein beliebiger Punkt. Da das Intervall D offen ist, gibt es ein $r > 0$, so dass

$$[a-r, a+r] \subset D.$$

Wir setzen

$$c := f(a), \quad c_1 := f(a-r), \quad c_2 := f(a+r).$$

Dann gilt für alle $0 \leq t \leq 1$

(1) $$(1+t)c - tc_2 \leq f(a-tr) \leq (1-t)c + tc_1,$$

(2) $$(1+t)c - tc_1 \leq f(a+tr) \leq (1-t)c + tc_2,$$

vgl. Bild 16.1. Aus diesen Ungleichungen folgt die Stetigkeit von f im Punkt a, da

$$\lim_{x \to a} f(x) = \lim_{h \to 0} f(x+hr) = c = f(a).$$

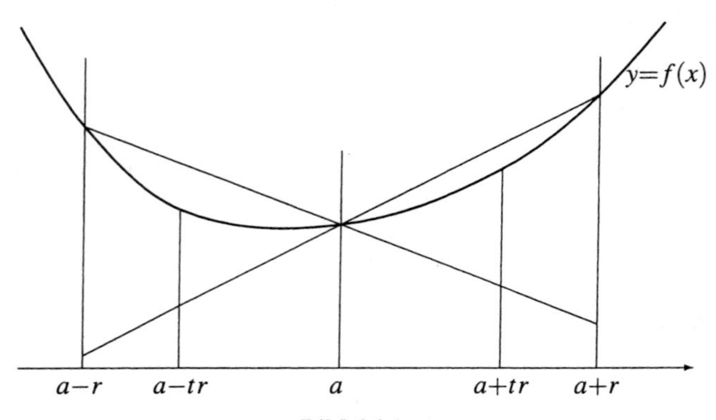

Bild 16.1

Beweis von (1) *und* (2): Die Ungleichung

$$f(a-tr) \leq (1-t)c + tc_1, \quad (0 \leq t \leq 1),$$

folgt direkt aus der Definition der Konvexität im Intervall $[a-r, a]$. Zum Beweis der anderen Ungleichung betrachten wir das Intervall

$$[a-tr, a+r], \quad (t \in [0,1] \text{ fest}).$$

Da

$$a = \frac{1}{1+t}(a-tr) + \frac{t}{1+t}(a+r),$$

folgt aus der Konvexität von f

$$f(a) \leq \frac{1}{1+t} f(a-tr) + \frac{t}{1+t} f(a+r),$$

also

$$(1+t)c \le f(a-tr)+tc_2.$$

Die Behauptung (2) wird analog bewiesen. □

Aufgabe 16 G. Um die Schreibweise zu vereinfachen, können wir o.B.d.A. annehmen, dass $a = 0$. Wir behandeln zunächst den Spezialfall

$$f(0) = f'(0) = f''(0) = 0.$$

Die Funktion $\varphi : \,]-\varepsilon, \varepsilon[\, \longrightarrow \mathbb{R}$ werde definiert durch

$$\varphi(x) := \begin{cases} \dfrac{f'(x)}{x}, & \text{falls } 0 < |x| < \varepsilon, \\ 0, & \text{falls } x = 0. \end{cases}$$

Da $f''(0) = 0$, folgt

$$\lim_{x \to 0} \varphi(x) = 0.$$

Sei

$$\psi(h) := \sup_{|x| \le h} |\varphi(x)| \quad \text{für } |h| < \varepsilon.$$

Es gilt ebenfalls

$$\lim_{h \to 0} \psi(h) = 0.$$

Aus der Abschätzung

$$|f'(x)| \le \psi(h)h \quad \text{für } |x| \le h$$

ergibt sich nach An. 1, §16, Corollar 2 zu Satz 2,

$$|f(h)| \le \psi(h)h^2 \quad \text{für alle } |h| < \varepsilon.$$

Also ist

$$\left| \frac{f(h) - 2f(0) + f(-h)}{h^2} \right| \le 2\psi(h)$$

woraus die Behauptung folgt.

Sei jetzt $f : \,]-\varepsilon, \varepsilon[\, \longrightarrow \mathbb{R}$ eine beliebige zweimal differenzierbare Funktion mit

$$f(0) =: c_0, \; f'(0) =: c_1, \; f''(0) =: c_2.$$

Für die Funktion

$$g(x) := f(x) - \left(c_0 + c_1 x + \frac{c_2}{2}x^2\right)$$

gilt dann

$$g(0) = g'(0) = g''(0) = 0$$

und

$$\frac{f(h) - 2f(0) + f(-h)}{h^2} = \frac{g(h) - 2g(0) + g(-h)}{h^2} + c_2.$$

Daraus folgt

$$\lim_{h \to 0} \frac{f(h) - 2f(0) + f(-h)}{h^2} = c_2 = f''(0).$$

Aufgabe 16 H. Wir betrachten die Funktion $F : [a,b] \longrightarrow \mathbb{R}$,

$$F(x) := (f(b) - f(a))g(x) - (g(b) - g(a))f(x).$$

Es gilt

$$F(a) = f(b)g(a) - g(b)f(a) = F(b).$$

Nach dem Satz von Rolle existiert also ein $\xi \in]a,b[$ mit $F'(\xi) = 0$. Daraus folgt die Behauptung.

Bemerkung: Gilt $g'(x) \neq 0$ für alle $x \in]a,b[$, so folgt $g(a) \neq g(b)$ und man kann die Formel in der suggestiven Form

$$\frac{f(b) - f(a)}{g(b) - g(a)} = \frac{f'(\xi)}{g'(\xi)}$$

schreiben. Diese Formel lässt sich jedoch nicht direkt durch Quotientenbildung aus dem Mittelwertsatz für die einzelnen Funktionen f und g beweisen. Dieser liefert nämlich nur Stellen $\xi_1, \xi_2 \in]a,b[$ mit

$$\frac{f(b) - f(a)}{b - a} = f'(\xi_1), \qquad \frac{g(b) - g(a)}{b - a} = g'(\xi_2),$$

und i.Allg. sind ξ_1 und ξ_2 verschieden.

Aufgabe 16 I.

I) Wir behandeln zunächst den Fall, dass in Bedingung c)

$$\lim_{x \searrow a} f(x) = \lim_{x \searrow a} g(x) = 0$$

erfüllt ist. Dann lassen sich f und g stetig auf das Intervall $[a,b[$ fortsetzen mit $f(a) = g(a) = 0$. Aus dem verallgemeinerten Mittelwertsatz (vgl. Aufgabe 16 H) folgt

$$\frac{f(x)}{g(x)} = \frac{f(x) - f(a)}{g(x) - g(a)} = \frac{f'(\xi)}{g'(\xi)}$$

mit einem $\xi \in]a,x[$. (Es ist $g(x) \neq 0$ für $x > a$, da $g'(\xi) \neq 0$ in]a,b[.) Daher ist

$$\lim_{x \searrow a} \frac{f(x)}{g(x)} = \lim_{\xi \searrow a} \frac{f'(\xi)}{g'(\xi)} = c.$$

II) Jetzt sei in c) die Bedingung

$$\lim_{x \searrow a} |g(x)| = \infty$$

erfüllt. Zu vorgegebenen $\varepsilon > 0$ existiert ein $\delta > 0$, so dass $a + \delta < b$ und

$$\left| \frac{f'(\xi)}{g'(\xi)} - c \right| \leq \frac{\varepsilon}{2} \quad \text{für alle } \xi \in]a, a+\delta].$$

Nach dem verallgemeinerten Mittelwertsatz folgt daraus

$$\left| \frac{f(x) - f(a+\delta)}{g(x) - g(a+\delta)} - c \right| \leq \frac{\varepsilon}{2} \quad \text{für alle } x \in]a, a+\delta].$$

Sei $\alpha := f(a+\delta)$, $\beta := g(a+\delta)$. Wegen der obigen Abschätzung gibt es eine Konstante $M \in \mathbb{R}_+$, so dass

$$\left| \frac{f(x) - \alpha}{g(x) - \beta} \right| \leq M \quad \text{für alle } x \in]a, a+\delta].$$

Da $\lim_{x \searrow a} |g(x)| = \infty$, folgt damit die Existenz eines δ_1, $0 < \delta_1 \leq \delta$, mit

$$\left| \frac{f(x)}{g(x)} - \frac{f(x) - \alpha}{g(x) - \beta} \right| \leq \frac{\varepsilon}{2} \quad \text{für alle } x \in]a, a+\delta_1].$$

Insgesamt erhält man

$$\left| \frac{f(x)}{g(x)} - c \right| \leq \frac{\varepsilon}{2} + \frac{\varepsilon}{2} = \varepsilon \quad \text{für alle } x \in]a, a+\delta_1].$$

Aufgabe 16 J. Wir logarithmieren die Funktion F_a:

$$\log F_a(x) = x \log(2 - a^{1/x}).$$

Mit der Substitution $t := 1/x$ erhalten wir die Funktion

$$G_a(t) := \log F_a(1/t) = \frac{\log(2 - a^t)}{t} = \frac{f(t)}{t},$$

wobei $f(t) := \log(2 - a^t)$. Das Verhalten von $G_a(t)$ für $t \to 0$ und $t \to \infty$ kann mit den Hospital'schen Regeln bestimmt werden.

Die Ableitung des Zählers ist

$$f'(t) = \frac{d}{dt} \log(2 - a^t) = -\frac{1}{2 - a^t} \cdot \frac{da^t}{dt} = \frac{-(\log a)\, a^t}{2 - a^t}$$

1) Für den Grenzübergang $t \to 0$ gilt

$$\lim_{t \to 0} f(t) = \lim_{t \to 0} \log(2 - a^t) = \log(2 - 1) = \log 1 = 0$$

und

$$\lim_{t \to 0} f'(t) = -\lim_{t \to 0} \frac{(\log a)\, a^t}{2 - a^t} = -\frac{(\log a) a^0}{2 - a^0} = -\log a,$$

also folgt

$$\lim_{t \to 0} G_a(t) = \lim_{t \to 0} \frac{f(t)}{t} = \lim_{t \to 0} f'(t) = -\log a.$$

Dies bedeutet

$$\lim_{x \to \infty} \log F_a(x) = \lim_{x \to \infty} G_a(1/x) = -\log a,$$

woraus folgt

$$\lim_{x \to \infty} F_a(x) = e^{-\log a} = \frac{1}{a}.$$

2) Für den Grenzübergang $t \to \infty$ gilt mit $b := 1/a > 1$

$$\lim_{t \to \infty} f'(t) = \lim_{t \to \infty} \frac{-(\log a)\, a^t}{2 - a^t} = \lim_{t \to \infty} \frac{\log b}{2b^t - 1} = 0,$$

Deshalb folgt mit de l'Hospital

$$\lim_{t \to \infty} G_a(t) = \lim_{t \to \infty} \frac{f(t)}{t} = \lim_{t \to \infty} f'(t) = 0.$$

Das bedeutet

$$\lim_{x \searrow 0} \log F_a(x) = \lim_{x \searrow 0} G_a(1/x) = 0,$$

also

$$\lim_{x \searrow 0} F_a(x) = e^0 = 1.$$

§ 17 Numerische Lösung von Gleichungen

Aufgabe 17 A. Sei $k > 0$ fest, $a := \left(k - \frac{1}{2}\right)\pi$, $b := \left(k + \frac{1}{2}\right)\pi$ und $m := k\pi$ der Mittelpunkt des Intervalls $]a, b[$.

a) Wir zeigen zunächst, dass die Gleichung $\tan x = x$ im Intervall $]a, b[$ genau eine Lösung besitzt, was anschaulich aus Bild 17.1 klar ist.

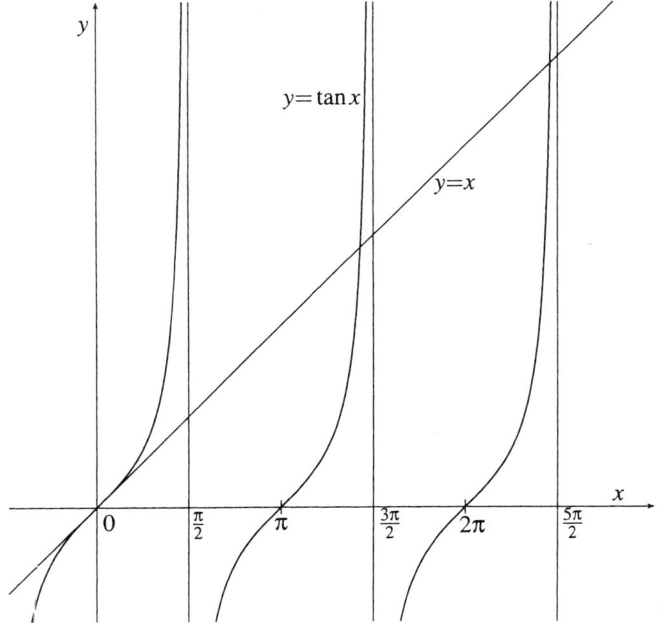

Bild 17.1

Zum Beweis betrachten wir die Funktion

$$g :]a, b[\longrightarrow \mathbb{R}, \quad g(x) := \tan x - x.$$

Für $x \in]a, m]$ gilt $g(x) < 0$. Außerdem ist

$$\lim_{x \nearrow b} g(x) = \infty.$$

Daher hat g mindestens eine Nullstelle in $]m,b[$. Da

$$g'(x) > 0 \quad \text{für alle } x \in \,]m,b[,$$

hat g genau eine Nullstelle ξ_k in $]a,b[$.

b) Für $x \in \,]a,b[$ ist die Gleichung

$$\tan x = x$$

gleichbedeutend mit

$$x = f(x) := k\pi + \arctan x.$$

Es gilt $f([a,b]) \subset]a,b[$ und

$$|f'(x)| = \frac{1}{1+x^2} \leq \frac{1}{1+a^2} =: q < \frac{1}{2}, \text{ (da } a > 1),$$

für alle $x \in [a,b]$. Daher konvergiert nach An. 1, §17, Satz 1, die Folge $(x_n)_{n\in\mathbb{N}}$ mit

$$x_0 := \left(k + \frac{1}{2}\right)\pi, \quad x_{n+1} := f(x_n) \quad \text{für } n \in \mathbb{N}$$

gegen die eindeutig bestimmte Lösung $\xi_k \in \,]a,b[$ der Gleichung $f(x) = x$, d.h. $\tan x = x$. Man hat die Fehlerabschätzung

$$|\xi_k - x_n| \leq \frac{q}{1-q}|x_n - x_{n-1}| \leq |x_n - x_{n-1}|.$$

Die numerische Rechnung ergibt bei Berücksichtigung der ersten sieben Dezimalen

	$k=1$	$k=2$	$k=3$
x_0	4.712 388 9	7.853 981 3	10.995 574 2
x_1	4.503 284 3	7.727 339 0	10.904 878 1
x_2	4.493 874 4	7.725 286 2	10.904 127 9
x_3	4.493 431 4	7.725 252 4	10.904 121 7
x_4	4.493 410 4	7.725 251 8	10.904 121 6
x_5	4.493 409 5	7.725 251 8	
x_6	4.493 409 4		
ξ_k	$4.493\,409 \pm 10^{-6}$	$7.725\,252 \pm 10^{-6}$	$10.904\,122 \pm 10^{-6}$

Aufgabe 17 B. Die Ableitung des Polynoms $f(x) = x^5 - x - \frac{1}{5}$ ist

$$f'(x) = 5x^4 - 1,$$

hat also genau zwei reelle Nullstellen $\pm a$, mit

$$a := \sqrt[4]{\frac{1}{5}} = 0.668\,7\ldots$$

Es gilt

$$\begin{aligned} f'(x) &> 0, \text{ falls } x < -a, \\ f'(x) &< 0, \text{ falls } -a < x < a, \\ f'(x) &> 0, \text{ falls } x > a. \end{aligned}$$

Einige spezielle Funktionswerte lauten (vgl. Bild 17.2).

x	-1	$-a$	0	a	1.5
$f(x)$	-0.2	$0.334..$	-0.2	$-0.734..$	$5.893..$

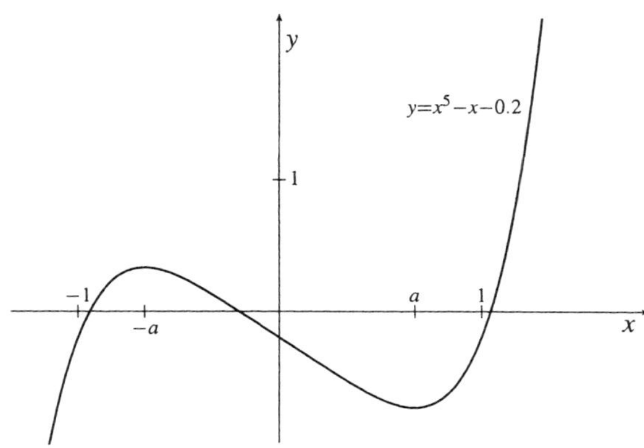

Bild 17.2

Aus den Funktionswerten und den Vorzeichen der Ableitung folgt nun, dass f genau drei Nullstellen $\xi_1 < \xi_2 < \xi_3$ hat, und zwar

$$\xi_1 \in \left]-1, -a\right[, \quad \xi_2 \in \left]-a, 0\right[, \quad \xi_3 \in \left]a, \frac{3}{2}\right[.$$

Da $f''(x) = 20x^3$, ist f in den Intervallen $[-1, \xi_1]$ und $[\xi_2, 0]$ konkav und im Intervall $\left[\xi_3, \frac{3}{2}\right]$ konvex. Nach An. 1, §17, Satz 2, konvergiert also das Newtonsche Verfahren

$$x_{n+1} = x_n - \frac{f(x_n)}{f'(x_n)}$$

mit dem Anfangswert $x_0 = a_k$ gegen ξ_k, wobei $a_1 = -1$, $a_2 = 0$, $a_3 = \frac{3}{2}$. Die numerische Rechnung ergibt

	$x_0 = a_1 = -1$	$x_0 = a_2 = 0$	$x_0 = a_3 = 1.5$
x_1	-0.95	-0.2	$1.257\,583\,5$
x_2	$-0.942\,260\,1$	$-0.200\,322\,5$	$1.110\,887\,7$
x_3	$-0.942\,086\,9$	$-0.200\,322\,5$	$1.053\,300\,6$
x_4	$-0.942\,086\,8$		$1.044\,925\,6$
x_5	$-0.942\,086\,8$		$1.044\,761\,7$
x_6			$1.044\,761\,7$

Also sind die Nullstellen

$$\begin{aligned} \xi_1 &= -0.942\,087 \pm 10^{-6}, \\ \xi_2 &= -0.200\,322 \pm 10^{-6}, \\ \xi_3 &= 1.044\,762 \pm 10^{-6}. \end{aligned}$$

Von der Richtigkeit der Fehlerschranken für die 6–stelligen Näherungswerte $\widetilde{\xi}_k$ überzeugt man sich am einfachsten dadurch, dass die Funktion f an den Stellen $\widetilde{\xi}_k - 10^{-6}$ und $\widetilde{\xi}_k + 10^{-6}$ verschiedenes Vorzeichen aufweist.

Aufgabe 17 D. Die Funktion $f(x) := x^2 + \cos \pi x$ ist eine gerade Funktion, es genügt also, sie für $x \geq 0$ zu betrachten. Eine triviale Nullstelle ist $x = 1$. Für $x > 1$ gilt

$$f(x) > 1 + \cos \pi x \geq 0,$$

die weiteren positiven Nullstellen liegen also im Intervall $]0, 1[$. Für die Ableitungen

$$\begin{aligned} f'(x) &= 2x - \pi \sin \pi x, \\ f''(x) &= 2 - \pi^2 \cos \pi x \end{aligned}$$

hat man

$$f'(x) < 0 \quad \text{für } 0 < x < \tfrac{1}{2},$$

$$f''(x) \geq 2 \quad \text{für } \tfrac{1}{2} \leq x \leq 1.$$

Also ist f im Intervall $\left[0, \frac{1}{2}\right]$ streng monoton fallend und in $\left[\frac{1}{2}, 1\right]$ konvex. Da

$$f(0.5) = 0.25, \qquad f(0.7) = -0.097..,$$

hat f in den Intervallen $[0, 0.5]$ und $[0.7, 1[$ keine Nullstellen. Um die Nullstellen im Intervall $[0.5, 0.7]$ zu bestimmen, verwenden wir den Fixpunktsatz (An. 1, §17, Satz 1), angewendet auf die Funktion

$$F(x) := x - \frac{1}{c} f(x), \quad c := f'\left(\frac{1}{2}\right) < 0.$$

Da f' in $\left[\frac{1}{2}, 1\right]$ streng monoton wächst, ist

$$F'(x) = 1 - \frac{1}{c} f'(x)$$

für $x \geq \frac{1}{2}$ streng monoton wachsend, insbesondere gilt für $x \in [0.5, 0.7]$

$$0 = F'(0,5) \leq F'(x) \leq F'(0,7) = 0.46.. \leq q := \frac{1}{2}.$$

Da

$$F(0.5) = 0.61.. \geq 0.5, \quad F(0.7) = 0.65.. \leq 0.7$$

bildet F das Intervall $[0.5, 0.7]$ in sich ab; das Iterationsverfahren

$$x_{n+1} := F(x_n)$$

konvergiert also für einen beliebigen Anfangswert $0.5 \leq x_0 \leq 0.7$ gegen die einzige Nullstelle ξ der Funktion f im Intervall $[0.5, 0.7]$. Die numerische Rechnung ergibt für $x_0 = 0.6$

$$x_8 = 0.629\,847\,0..$$
$$x_9 = 0.629\,847\,2..,$$

also gilt

$$\xi := 0.629\,847 \pm 10^{-6},$$

da

$$|\xi - x_9| \leq \frac{q}{1-q} |x_9 - x_8| \leq |x_9 - x_8|.$$

Die sämtlichen Lösungen der Gleichung $x^2 + \cos \pi x = 0$ sind -1, $-\xi$, ξ, 1.

Aufgabe 17 F.

a) Wir zeigen zunächst, dass die Folge $(x_n)_{n\in\mathbb{N}}$ wohldefiniert ist, d.h. $x_n \in [a,b]$ für alle $n \in \mathbb{N}$. Dies ist richtig für $n = 0$, da $x_0 = a$. Sei schon $x_n \in [a,b]$ bewiesen. Aus der Monotonie von f folgt

$$a < f(a) \leq f(x_n) \leq f(b) < b,$$

d.h. $x_{n+1} = f(x_n) \in [a,b]$.

b) Wir zeigen jetzt, dass die Folge $(x_n)_{n\in\mathbb{N}}$ monoton wächst, d.h. $x_n \leq f(x_n) = x_{n+1}$ für alle $n \in \mathbb{N}$. Der Induktionsanfang $n = 0$ ist trivial. Sei schon $x_n \leq f(x_n)$ bewiesen. Dann folgt aus der Monotonie von f

$$x_{n+1} = f(x_n) \leq f(f(x_n)) = f(x_{n+1}) = x_{n+2}.$$

c) Aus der Monotonie und Beschränktheit der Folge $(x_n)_{n\in\mathbb{N}}$ ergibt sich die Existenz von

$$x^* = \lim_{n\to\infty} x_n \in [a,b].$$

Wegen der Stetigkeit von f erhält man aus $x_{n+1} = f(x_n)$ die Gleichung

$$x^* = f(x^*).$$

Der Beweis für die Folge $(y_n)_{n\in\mathbb{N}}$ ist analog.

Aufgabe 17 G.

a) Wir setzen $F(x) := (1+x)e^{-\alpha x}$. Für die Ableitung dieser Funktion berechnet man

$$F'(x) = e^{-\alpha x} - \alpha(1+x)e^{-\alpha x} = \alpha e^{-\alpha x}\left(\frac{1-\alpha}{\alpha} - x\right).$$

Es gilt also

$$F'(x) > 0, \text{ falls } x < \xi := \frac{1-\alpha}{\alpha},$$

$$F'(x) < 0, \text{ falls } x > \xi.$$

Ist $0 < \alpha < 1$, so ist $\xi > 0$ und die Funktion F im Intervall $[0,\xi]$ streng monoton wachsend und im Intervall $[\xi,\infty[$ streng monoton fallend. Im

Intervall $[0,\xi]$ sind die Funktionswerte ≥ 1. Ist $\alpha \geq 1$, so ist $\xi \leq 0$, also F auf der ganzen Halbachse $[0,\infty[$ streng monoton fallend. In beiden Fällen ergibt sich $\lim\limits_{x\to\infty} F(x) = 0$ (siehe Bild 17.3). Daraus ergibt sich mit dem Zwischenwertsatz, dass für $p \in]0,1[$ die Gleichung

$$F(x) = p$$

im Intervall $[0,\infty[$ genau eine Lösung $x_\alpha(p)$ hat.

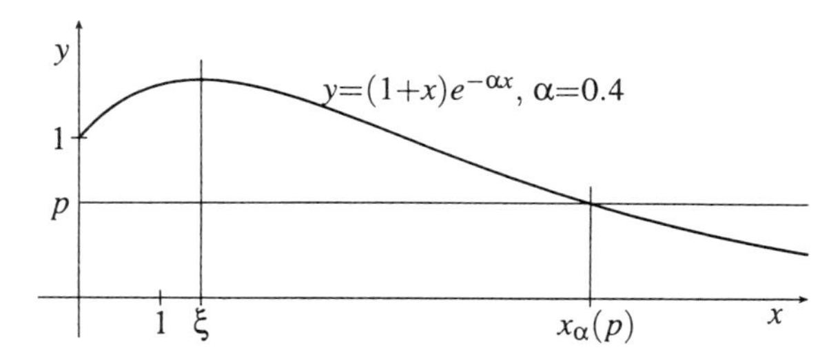

Bild 17.3

b) Aus der Monotonie von F folgt weiter: Ist $u \in \mathbb{R}_+$ beliebig und $p < F(u)$, so gilt $x_\alpha(p) > u$. Das bedeutet

$$\lim_{p\to 0} x_\alpha(p) = \infty.$$

Die Lösung $x_\alpha(p)$ genügt der Gleichung

$$(1 + x_\alpha(p))e^{-\alpha x_\alpha(p)} = p,$$

d.h.

$$e^{-\alpha x_\alpha(p)} = \frac{p}{1 + x_\alpha(p)}$$

und weiter

$$x_\alpha(p) = \frac{1}{\alpha}\log\frac{1}{p} + \frac{1}{\alpha}\log(1 + x_\alpha(p)).$$

Daraus erhält man

$$\frac{x_\alpha(p)}{\frac{1}{\alpha}\log\frac{1}{p}} > 1 \quad \text{für alle } p \in\,]0,1[.$$

Zu jedem $\varepsilon > 0$ existiert ein $r > 0$, so dass

$$1 + x \leq e^{\varepsilon x} \quad \text{für alle } x \geq r.$$

Daher gibt es ein $p_0 \in \,]0,1[$, so dass

$$1 + x_\alpha(p) \leq e^{\varepsilon x_\alpha(p)} \quad \text{für alle } p \in \,]0, p_0].$$

Damit gilt

$$\frac{x_\alpha(p)}{\frac{1}{\alpha}\log\frac{1}{p}} \leq 1 + \varepsilon \quad \text{für alle } p \in \,]0, p_0].$$

Damit ist bewiesen, dass

$$\lim_{p \searrow 0} \frac{x_\alpha(p)}{\frac{1}{\alpha}\log\frac{1}{p}} = 1.$$

(Dies bedeutet, dass $x_\alpha(p)$ für $p \searrow 0$ asymptotisch gleich $\frac{1}{\alpha}\log\frac{1}{p}$ ist. Zur Definiton von „asymptotisch gleich“ siehe An. 1, §20, Seite 159.)

c) Die Lösung der Gleichung

$$(1+x)e^{-x} = p$$

ist gleichbedeutend mit der Lösung der Gleichung

$$x = \log\frac{1}{p} + \log(1+x) =: f(x).$$

Die Folge

$$x_0 := 0, \quad x_{n+1} := f(x_n),$$

konvergiert nach Aufgabe 17 F monoton wachsend gegen die Lösung $a := x_1(p)$. Es gilt

$$f'(x) = \frac{1}{1+x}.$$

Für jedes $m > 0$ liegen alle x_n, $n \geq m$, im Intervall $[x_m, a]$. Außerdem gilt in diesem Intervall

$$|f'(x)| \leq \frac{1}{1+x_m} =: q_m.$$

Daraus folgt nach An. 1, §17, Satz 1, die Fehlerabschätzung

$$|a - x_{n+1}| \leq \frac{q_m}{1-q_m}|x_{n+1} - x_n| = \frac{1}{x_m}|x_{n+1} - x_n|$$

für alle $n > m$. Die numerische Rechnung ergibt:

Für $p = \frac{1}{2}$:

$$\begin{aligned} x_{15} &= 1.678\,345\,5.., \\ x_{16} &= 1.678\,346\,4.., \\ x_{17} &= 1.678\,346\,7.., \end{aligned}$$

also $x_1\left(\frac{1}{2}\right) = 1.678\,347 \pm 10^{-6}$.

Für $p = \frac{1}{10}$:

$$\begin{aligned} x_{10} &= 3.889\,718\,9.., \\ x_{11} &= 3.889\,719\,9.., \\ x_{12} &= 3.889\,720\,1.., \end{aligned}$$

also $x_1\left(\frac{1}{10}\right) = 3.889\,720 \pm 10^{-6}$.

Für $p = \frac{1}{100}$:

$$\begin{aligned} x_8 &= 6.638\,350\,4.., \\ x_9 &= 6.638\,351\,8.., \\ x_{10} &= 6.638\,352\,0.., \end{aligned}$$

also $x_1\left(\frac{1}{100}\right) = 6.638\,352 \pm 10^{-6}$.

Aufgabe 17 H. Mit Hilfe von An. 1, §17, Satz 1, kann man z.B. folgendes hinreichendes Konvergenzkriterium für das Newtonverfahren herleiten:

Sei $D \subset \mathbb{R}$ ein abgeschlossenes Intervall und $f : D \longrightarrow \mathbb{R}$ eine zweimal differenzierbare Funktion mit $f'(x) \neq 0$ für alle $x \in D$. Es gebe ein $q < 1$ mit

$$|f(x)f''(x)| \leq q|f'(x)|^2 \quad \text{für alle } x \in D.$$

Falls für ein $x_0 \in D$ die durch

$$x_{n+1} := x_n - \frac{f(x_n)}{f'(x_n)}$$

rekursiv definierte Folge $(x_n)_{n\in\mathbb{N}}$ wohldefiniert ist (d.h. stets $x_{n+1} \in D$ gilt), konvergiert sie gegen eine Lösung der Gleichung $f(x) = 0$.

Beweis: Mit $F(x) := x - \frac{f(x)}{f'(x)}$ gilt $F'(x) = f(x)\frac{f''(x)}{f'(x)^2}$. Die Voraussetzung impliziert also $|F'(x)| \leq q$ in D. Daraus folgt nach An. 1, §17, Satz 1, die Konvergenz der Folge $(x_n)_{n\in\mathbb{N}}$. □

Aufgabe 17 I. Die vollständige Lösung dieser interessanten Aufgabe wollen wir der Leserin überlassen; zur Kontrolle geben wir die Ergebnisse von b) und c) an.

b) Für $a = e^{1/e}$ konvergiert die Folge $(a_n)_{n\in\mathbb{N}}$ gegen e. (Die Konvergenz ist jedoch recht langsam, z.B. ist $a_{100} = 2.6666\ldots$ und $a_{200} = 2.6918\ldots$.)
Für $a = 1.2$ konvergiert die Folge gegen

$$a_* = 1.257\,734\,54 \pm 10^{-8}.$$

c) Für jeden Anfangswert $e^{-e} \leq a < 1$ konvergiert die Folge $(a_n)_{n\in\mathbb{N}}$. Für $a = e^{-e}$ ist der Grenzwert gleich $\frac{1}{e}$. Für $0 < a < e^{-e}$ konvergiert die Folge $(a_n)_{n\in\mathbb{N}}$ nicht; jedoch konvergieren die beiden Teilfolgen $(a_{2k})_{k\in\mathbb{N}}$ und $(a_{2k+1})_{k\in\mathbb{N}}$ (gegen verschiedene Grenzwerte).

§ 18 Das Riemannsche Integral

Aufgabe 18 A. Sei n eine positive natürliche Zahl und seien

$$x_i := \frac{ia}{n}, \quad i = 0, \ldots, n.$$

Als Stützstellen für die Riemannsche Summe wählen wir $\xi_i := x_i$ für $i = 1, \ldots, n$. Mit diesen Teilpunkten (x_i) und Stützstellen (ξ_i) erhält man für die Funktion $x \stackrel{f}{\longmapsto} x^k$ die Riemannsche Summe

$$S_n = \frac{a}{n}\sum_{i=1}^{n}\left(\frac{ia}{n}\right)^k = \left(\frac{a}{n}\right)^{k+1}\sum_{i=1}^{n} i^k.$$

Nach Aufgabe 1 O gibt es rationale Zahlen $q_1, \ldots, q_k$ mit

$$\sum_{i=1}^{n} i^k = \frac{1}{k+1}n^{k+1} + q_k n^k + \ldots + q_1 n.$$

Daraus folgt

$$\lim_{n\to\infty} S_n = \lim_{n\to\infty}\left\{a^{k+1}\left(\frac{1}{k+1} + \frac{q_k}{n} + \ldots + \frac{q_1}{n^k}\right)\right\} = \frac{a^{k+1}}{k+1}.$$

Also erhält man das Resultat

$$\int_0^a x^k\,dx = \lim_{n\to\infty} S_n = \frac{a^{k+1}}{k+1}.$$

Aufgabe 18 B. Mit den Teilpunkten $x_k = a^{k/n}$, $k = 0, \ldots, n$, und den Stützstellen $\xi_k = x_{k-1}$, $k = 1, \ldots, n$, erhält man für die Funktion $x \overset{f}{\longmapsto} \frac{1}{x}$ die Riemannsche Summe

$$\begin{aligned} S_n &= \sum_{k=1}^{n} f(\xi_k)(x_k - x_{k-1}) \\ &= \sum_{k=1}^{n} a^{(-k+1)/n}\left(a^{k/n} - a^{(k-1)/n}\right) \\ &= \sum_{k=1}^{n}\left(a^{1/n} - 1\right) = n\left(a^{1/n} - 1\right). \end{aligned}$$

Die Feinheit der Unterteilung

$$1 < a^{1/n} < a^{2/n} < \ldots < a^{(n-1)/n} < a$$

ist $\eta_n := a - a^{(n-1)/n} = a(1 - a^{-1/n})$. Da $\lim\limits_{n\to\infty} \eta_n = 0$, folgt

$$\int_1^a \frac{dx}{x} = \lim_{n\to\infty} S_n = \lim_{n\to\infty} \frac{a^{1/n} - 1}{1/n} = \lim_{h\to 0} \frac{a^h - a^0}{h} = \frac{da^x}{dx}(0) = \log a.$$

Aufgabe 18 D. Sei $\varepsilon > 0$ vorgegeben. Nach An. 1, §18, Satz 3, existieren Treppenfunktionen φ, $\psi : [a,b] \longrightarrow \mathbb{R}$ mit

$$\varphi \le f \le \psi$$

und

$$\int_a^b (\psi(x) - \varphi(x))\,dx \le \varepsilon' := \delta^2\varepsilon.$$

O.B.d.A. können wir annehmen, dass $\varphi \ge \delta$. Dann sind $\frac{1}{\varphi}$ und $\frac{1}{\psi}$ Treppenfunktionen auf $[a,b]$ mit

$$\frac{1}{\psi} \le \frac{1}{f} \le \frac{1}{\varphi} \le \frac{1}{\delta}$$

und man hat

$$\int_a^b \left(\frac{1}{\varphi(x)} - \frac{1}{\psi(x)}\right) dx = \int_a^b \frac{1}{\varphi(x)\psi(x)}(\psi(x) - \varphi(x))\, dx$$

$$\leq \frac{1}{\delta^2} \int_a^b (\psi(x) - \varphi(x))\, dx \leq \frac{\varepsilon'}{\delta^2} = \varepsilon.$$

Daher ist $\frac{1}{f}$ Riemann–integrierbar.

Bemerkung: Aufgabe 18 D ist ein Spezialfall von Aufgabe 18 E.

Aufgabe 18 G. Da $f \geq 0$, genügt es offenbar zu zeigen, dass zu jedem $\varepsilon > 0$ eine Treppenfunktion $\varphi : [0,1] \longrightarrow \mathbb{R}$ existiert mit

$$f \leq \varphi \quad \text{und} \quad \int_0^1 \varphi(x)\, dx \leq \varepsilon.$$

Sei $\varepsilon > 0$ beliebig. Nach Definition von f gibt es nur endlich viele Stellen

$$x_1, x_2, \ldots, x_m \in [0,1]$$

mit

$$f(x_i) > \frac{\varepsilon}{2} \quad \text{für } i = 1, \ldots, m.$$

Die Funktion $\varphi : [0,1] \longrightarrow \mathbb{R}$ werde wie folgt definiert (vgl. Bild 18.1):

$$\varphi(x) := \begin{cases} 1, & \text{falls } \min\limits_{i \in \{1,\ldots,m\}} |x - x_i| \leq \dfrac{\varepsilon}{4m}, \\ \dfrac{\varepsilon}{2}, & \text{sonst.} \end{cases}$$

Man überlegt sich leicht, dass φ eine Treppenfunkton ist. Es gilt

$$\int_0^1 \varphi(x)\, dx \leq \frac{\varepsilon}{2} + m \cdot \frac{\varepsilon}{2m} = \varepsilon.$$

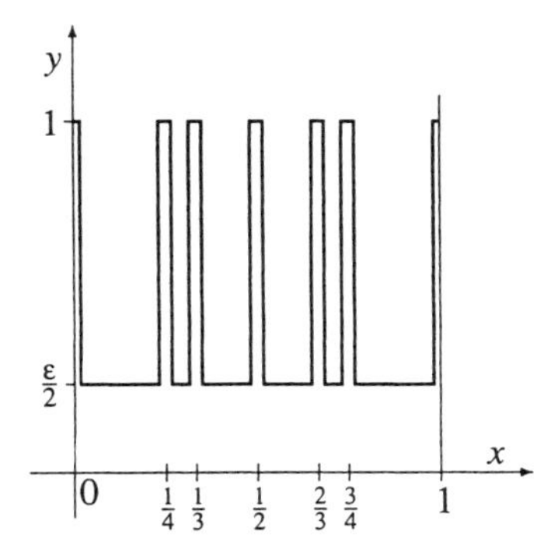

Bild 18.1

§ 19 Integration und Differentiation

Aufgabe 19 A. Aus Symmetriegründen ist der Flächeninhalt F der Ellipse E das Doppelte des Flächeninhalts von

$$\begin{aligned} E_+ &= \{(x,y) \in E \,:\, y \geq 0\} \\ &= \left\{(x,y) \in \mathbb{R}^2 \,:\, -a \leq x \leq a,\ 0 \leq y \leq b\sqrt{1-\frac{x^2}{a^2}}\right\}. \end{aligned}$$

Also gilt

$$F = 2\int_{-a}^{a} b\sqrt{1-\frac{x^2}{a^2}}\,dx.$$

Wir substituieren $t = \frac{x}{a}$ und erhalten

$$F = 2ab\int_{-1}^{1} \sqrt{1-t^2}\,dt.$$

Da nach An. 1, §19, Beispiel (19.15),

$$\int_{-1}^{1} \sqrt{1-t^2}\,dt = \frac{\pi}{2},$$

folgt $F = ab\pi$. Insbesondere ist also $r^2\pi$ der Flächeninhalt des Kreises mit Radius r.

Aufgabe 19 C. Zwar lassen sich die Integrale auch mittels partieller Integration auswerten, wir geben jedoch hier einen Lösungsweg unter Benutzung von Symmetriebetrachtungen.

a) Für das Integral $\int_0^{2\pi} x\cos x\,dx$ machen wir die Substitution $x = t + \pi$ und erhalten

$$\begin{aligned}\int_0^{2\pi} x\cos x\,dx &= \int_{-\pi}^{\pi} (t+\pi)(-\cos t)\,dt \\ &= -\int_{-\pi}^{\pi} t\cos t\,dt - \pi\int_{-\pi}^{\pi} \cos t\,dt\end{aligned}$$

Da die Funktion $t \longmapsto t\cos t$ ungerade ist, verschwindet das erste Integral. Das zweite Integral verschwindet wegen der Periodizität von $\sin t$. Also gilt

$$\int_0^{2\pi} x\cos x\,dx = 0.$$

b) Im Integral $\int_0^{\pi} x\sin x\,dx$ substituieren wir $x = t + \frac{\pi}{2}$ und erhalten

$$\begin{aligned}\int_0^{\pi} x\sin x\,dx &= \int_{-\pi/2}^{\pi/2} \left(t + \frac{\pi}{2}\right)\cos t\,dt \\ &= \int_{-\pi/2}^{\pi/2} t\cos t\,dt + \frac{\pi}{2}\int_{-\pi/2}^{\pi/2} \cos t\,dt.\end{aligned}$$

Wie in Teil a) verschwindet das erste Integral. Außerdem gilt

$$\int_{-\pi/2}^{\pi/2} \cos t\,dt = \sin t\,\Big|_{-\pi/2}^{\pi/2} = 2,$$

also

$$\int_0^{\pi} x\sin x\,dx = \pi.$$

Aufgabe 19 D. Wir behandeln hier nur den Fall $a \neq 0$. (Der Fall $a = 0, b \neq 0$, kann auf das Integral $\int \frac{dx}{x} = \log|x|$, $(x \neq 0)$, zurückgeführt werden.) Mit der Bezeichnung

$$\Delta := b^2 - 4ac$$

wird der Nenner des Integranden

$$ax^2 + bx + c = a\left(x^2 + \frac{b}{a}x + \frac{c}{a}\right) = a\left(\left(x + \frac{b}{2a}\right)^2 - \frac{\Delta}{4a^2}\right).$$

Wir unterscheiden nun drei Fälle:

I) $\Delta = b^2 - 4ac > 0$.
Wir setzen $\delta := \sqrt{\Delta}$. Damit wird

$$\begin{aligned} ax^2 + bx + c &= a\left(\left(x + \frac{b}{2a}\right)^2 - \left(\frac{\delta}{2a}\right)^2\right) \\ &= a\left(x + \frac{b}{2a} + \frac{\delta}{2a}\right)\left(x + \frac{b}{2a} - \frac{\delta}{2a}\right). \end{aligned}$$

Der Nenner hat also die beiden Nullstellen

$$x_{1,2} = -\frac{b}{2a} \pm \frac{\delta}{2a}$$

und das Integral ist definiert über jedem Intervall, das keine der beiden Nullstellen enthält. Wie in An. 1, §19, Beispiel (19.14), berechnen wir das Integral mittels Partialbruchzerlegung

$$\frac{1}{\left(x + \frac{b+\delta}{2a}\right)\left(x + \frac{b-\delta}{2a}\right)} = \frac{\frac{a}{\delta}}{x + \frac{b-\delta}{2a}} - \frac{\frac{a}{\delta}}{x + \frac{b+\delta}{2a}}.$$

Damit erhält man

$$\begin{aligned} \int \frac{dx}{ax^2 + bx + c} &= \frac{1}{\delta}\left(\int \frac{dx}{x + \frac{b-\delta}{2a}} - \int \frac{dx}{x + \frac{b+\delta}{2a}}\right) \\ &= \frac{1}{\delta} \log\left|\frac{2ax + b - \delta}{2ax + b + \delta}\right|. \end{aligned}$$

II) $\Delta = b^2 - 4ac = 0$.
In diesem Fall ist

$$ax^2 + bx + c = a\left(x + \frac{b}{2a}\right)^2,$$

das Integral also definiert über jedem Intervall, das den Punkt $-\frac{b}{2a}$ nicht enthält. Es gilt dann

$$\int \frac{dx}{ax^2+bx+c} = \frac{1}{a}\int \frac{dx}{\left(x+\frac{b}{2a}\right)^2} = -\frac{1}{a\left(x+\frac{b}{2a}\right)} = -\frac{2}{2ax+b}.$$

III) $\Delta = b^2 - 4ac < 0$.
Wir setzen $\delta := \sqrt{|\Delta|}$. Damit wird

$$ax^2 + bx + c = a\left(\left(x + \frac{b}{2a}\right)^2 + \left(\frac{\delta}{2a}\right)^2\right).$$

Da dieser Ausdruck keine reelle Nullstelle hat, ist das Integral über ganz $\mathbb{R}$ definiert und man hat

$$\int \frac{dx}{ax^2+bx+c} = \frac{1}{a}\int \frac{dx}{\left(x+\frac{b}{2a}\right)^2 + \left(\frac{\delta}{2a}\right)^2}.$$

Mit Hilfe der Substitutionsregel erhält man aus An. 1, §19, Beispiel (19.7)

$$\int \frac{dx}{x^2+\alpha^2} = \frac{1}{\alpha}\arctan\frac{x}{\alpha}, \quad (\alpha \neq 0),$$

also

$$\begin{aligned}\int \frac{dx}{ax^2+bx+c} &= \frac{1}{a}\left(\frac{2a}{\delta}\right)\arctan\left(\frac{x+\frac{b}{2a}}{\frac{\delta}{2a}}\right)\\ &= \frac{2}{\delta}\arctan\left(\frac{2ax+b}{\delta}\right).\end{aligned}$$

Bei solchen Integralauswertungen empfiehlt es sich, die Richtigkeit der Rechnung durch Differenzieren des Ergebnisses zu verifizieren. Der Leser führe diese Probe durch!

Aufgabe 19 E. Es ist klar, dass $1+x^4$ keine reellen Nullstellen hat. Wir bestimmen eine Zerlegung von $1+x^4$ durch Übergang zum Komplexen. Es gilt

$$x^4+1=(x^2+i)(x^2-i).$$

Da $\left(e^{i\pi/4}\right)^2=e^{i\pi/2}=i$, gilt

$$x^4+1=(x+ie^{i\pi/4})(x-ie^{i\pi/4})(x+e^{i\pi/4})(x-e^{i\pi/4}).$$

Unter Benutzung von

$$e^{i\pi/4}=\cos\frac{\pi}{4}+i\sin\frac{\pi}{4}=\frac{\sqrt{2}}{2}(1+i)$$

erhält man

$$\left(x+ie^{i\pi/4}\right)\left(x-e^{i\pi/4}\right)=x^2-\sqrt{2}x+1,$$
$$\left(x-ie^{i\pi/4}\right)\left(x+e^{i\pi/4}\right)=x^2+\sqrt{2}x+1.$$

Wir machen nun den Ansatz

$$\frac{1}{x^4+1}=\frac{ax+b}{x^2+\sqrt{2}x+1}+\frac{cx+d}{x^2-\sqrt{2}x+1}.$$

Diese Gleichung ist identisch erfüllt mit

$$a=-c=\frac{1}{2\sqrt{2}},\quad b=d=\frac{1}{2}.$$

Damit erhält man

$$\int\frac{dx}{1+x^4}=F(x)-F(-x)$$

mit

$$F(x)=\frac{1}{2\sqrt{2}}\int\frac{x+\sqrt{2}}{x^2+\sqrt{2}x+1}dx$$

Nach An. 1, §19, Beispiel (19.12), ist

$$\int\frac{x+\frac{\sqrt{2}}{2}}{x^2+\sqrt{2}x+1}dx=\frac{1}{2}\log(x^2+\sqrt{2}x+1).$$

Nach Aufgabe 19 D, Fall III), ist

$$\int \frac{1}{x^2+\sqrt{2}x+1} = \sqrt{2}\arctan(\sqrt{2}x+1).$$

Daraus folgt

$$F(x) = \frac{1}{4\sqrt{2}}\log(x^2+\sqrt{2}x+1) + \frac{1}{2\sqrt{2}}\arctan(\sqrt{2}x+1).$$

Aufgabe 19 F.

a) Für $\lambda = 0$ ist $e^{\lambda x} = 1$ und $\int x^2\,dx = \frac{x^3}{3}$. Wir können also $\lambda \neq 0$ voraussetzen.

$$\begin{aligned}
\int x^2 e^{\lambda x}\,dx &= \frac{1}{\lambda}\int x^2\,d\left(e^{\lambda x}\right) \\
&= \frac{1}{\lambda}x^2 e^{\lambda x} - \frac{2}{\lambda}\int x e^{\lambda x}\,dx \\
&= \frac{1}{\lambda}x^2 e^{\lambda x} - \frac{2}{\lambda^2}\int x\,d\left(e^{\lambda x}\right) \\
&= \frac{1}{\lambda}x^2 e^{\lambda x} - \frac{2}{\lambda^2}x e^{\lambda x} + \frac{2}{\lambda^2}\int e^{\lambda x}\,dx \\
&= \left(\frac{1}{\lambda}x^2 - \frac{2}{\lambda^2}x + \frac{2}{\lambda^3}\right)e^{\lambda x}.
\end{aligned}$$

b) Es gilt

$$\begin{aligned}
\int x^2 \cos x\,dx &= \int x^2\,d(\sin x) \\
&= x^2 \sin x - 2\int x \sin x\,dx \\
&= x^2 \sin x + 2\int x\,d(\cos x)
\end{aligned}$$

$$\begin{aligned}
&= x^2 \sin x + 2x\cos x - 2\int \cos x\, dx \\
&= x^2 \sin x + 2x\cos x - 2\sin x \\
&= (x^2-2)\sin x + 2x\cos x.
\end{aligned}$$

c) Es gilt

$$\begin{aligned}
\int e^{-x}\cos(5x)\,dx &= -\int \cos(5x)\,d\left(e^{-x}\right) \\
&= -e^{-x}\cos(5x) - 5\int e^{-x}\sin(5x)\,dx \\
&= -e^{-x}\cos(5x) + 5\int \sin(5x)\,d\left(e^{-x}\right) \\
&= -e^{-x}\cos(5x) + 5e^{-x}\sin(5x) \\
&\quad - 25\int e^{-x}\cos(5x)\,dx.
\end{aligned}$$

Daraus erhält man

$$\int e^{-x}\cos(5x)\,dx = \frac{1}{26}(5\sin(5x)-\cos(5x))e^{-x}.$$

Bemerkung: Man kann das Integral aus c) auch durch Übergang zum Komplexen unter Benutzung der Formel

$$e^{-x}\cos(5x) = \operatorname{Re}\left(e^{(5i-1)x}\right)$$

lösen.

Aufgabe 19 S. Wir setzen

$$\psi_+(x) := \tfrac{1}{18}(x-1)^3 + \tfrac{1}{24}(x-1)^4$$

und $\psi_-(x) := \psi_+(-x)$. Dann ist

$$\int_{-1}^{1} f^{(4)}(x)\psi(x)dx = \int_{-1}^{0} f^{(4)}(x)\psi_-(x)dx + \int_0^1 f^{(4)}(x)\psi_+(x)dx.$$

Wir werten die Integrale durch partielle Integration aus:

$$\begin{aligned}\int_0^1 f^{(4)}(x)\psi_+(x)dx &= f^{(3)}(x)\psi_+(x)\Big|_0^1 - \int_0^1 f^{(3)}\psi'_+(x)dx \\ &= f^{(3)}(x)\psi_+(x)\Big|_0^1 - f''(x)\psi'_+(x)\Big|_0^1 + \int_0^1 f''(x)\psi''_+(x)dx \\ &= \dots \\ &= f^{(3)}(x)\psi_+(x)\Big|_0^1 - f''(x)\psi'_+(x)\Big|_0^1 + f'(x)\psi''_+(x)\Big|_0^1 - f(x)\psi_+^{(3)}(x)\Big|_0^1 \\ &\quad + \int_0^1 f(x)\psi_+^{(4)}(x)dx.\end{aligned}$$

Ebenso erhält man

$$\begin{aligned}\int_{-1}^0 f^{(4)}(x)\psi_-(x)dx &= f^{(3)}(x)\psi_-(x)\Big|_{-1}^0 - f''(x)\psi'_-(x)\Big|_{-1}^0 \\ &\quad + f'(x)\psi''_-(x)\Big|_{-1}^0 - f(x)\psi_-^{(3)}(x)\Big|_{-1}^0 + \int_{-1}^0 f(x)\psi_-^{(4)}(x)dx.\end{aligned}$$

Nun ist

$$\begin{aligned}\psi'_+(x) &= \tfrac{1}{6}(x-1)^2 + \tfrac{1}{6}(x-1)^3 = -\psi'_-(-x), \\ \psi''_+(x) &= \tfrac{1}{3}(x-1) + \tfrac{1}{2}(x-1)^2 = \psi''_-(-x), \\ \psi_+^{(3)}(x) &= \tfrac{1}{3} + (x-1) = -\psi_-^{(3)}(-x), \\ \psi_+^{(4)}(x) &= 1 = \psi_-^{(4)}(-x).\end{aligned}$$

Es folgt

$$\begin{aligned}\psi_+(0) &= \psi_-(0) = -\tfrac{1}{72}, \\ \psi'_+(0) &= \psi'_-(0) = 0, \\ \psi''_+(0) &= \psi''_-(0) = \tfrac{1}{6}, \\ \psi_+^{(3)}(0) &= -\psi_-^{(3)}(0) = -\tfrac{2}{3},\end{aligned}$$

und

$$\psi_+(1) = \psi_-(1) = \psi'_+(1) = \psi'_-(-1) = \psi''_+(1) = \psi''_-(1) = 0,$$
$$\psi_+^{(3)}(1) = -\psi_-^{(3)}(-1) = \tfrac{1}{3}.$$

Setzt man dies ein, erhält man

$$\begin{aligned}\int_{-1}^{1} f^{(4)}(x)\psi(x)dx &= -f(x)\psi_-^{(3)}(x)\Big|_{-1}^{0} - f(x)\psi_+^{(3)}(x)\Big|_{0}^{1} + \int_{-1}^{1} f(x)dx \\ &= -\tfrac{1}{3}f(-1) - \tfrac{4}{3}f(0) - \tfrac{1}{3}f(1) + \int_{-1}^{1} f(x)dx.\end{aligned}$$

Daraus folgt

$$\int_{-1}^{1} f(x)dx = \frac{1}{3}(f(-1)+4f(0)+f(1))+R$$

mit

$$R = \int_{-1}^{1} f^{(4)}(x)\psi(x)dx.$$

Die Funktion ψ ist im ganzen Intervall $[-1,1]$ kleiner-gleich 0, deshalb kann man den Mittelwertsatz der Integralrechnung anwenden: Es gibt ein $\xi \in [-1,1]$, so dass

$$R = f^{(4)}(\xi)\int_{-1}^{1} \psi(x)dx = -\frac{1}{90}f^{(4)}(\xi).$$

§ 20 Uneigentliche Integrale. Die Gamma–Funktion

Aufgabe 20 B. Für alle natürlichen Zahlen $n \geq 1$ gilt $\frac{1}{n+1} < \int_n^{n+1} \frac{dx}{x} < \frac{1}{n}$. Durch Summation erhält man daraus für $N > 1$

$$\sum_{n=2}^{N} \frac{1}{n} < \int_{1}^{N} \frac{dx}{x} < \sum_{n=1}^{N-1} \frac{1}{n}.$$

Da $\int_1^N \frac{dx}{x} = \log N$, ergibt sich

$$\frac{1}{N} < C_N = \sum_{n=1}^{N} \frac{1}{n} - \log N < 1.$$

Um zu zeigen, dass die Folge (C_N) konvergiert, beweisen wir, dass sie monoton fällt. Die Differenz zweier aufeinander folgender Terme ist

$$C_{N-1} - C_N = \log\left(\frac{N}{N-1}\right) - \frac{1}{N}.$$

Unsere Behauptung ist daher bewiesen, wenn wir zeigen können, dass $1/N \leq \log(N/(N-1))$, oder, was damit äquivalent ist,

$$e^{1/N} \leq \frac{N}{N-1} = \frac{1}{1-1/N} \quad \text{für } N > 1.$$

Dies erkennt man z.B. durch Vergleich der Reihen–Entwicklungen

$$\begin{aligned} e^x &= \sum_{n=0}^{\infty} \frac{x^n}{n!}, \\ \frac{1}{1-x} &= \sum_{n=0}^{\infty} x^n \quad \text{für } |x| < 1. \end{aligned}$$

Aufgabe 20 C. Aus An. 1, §20, Satz 5, folgt

$$\begin{aligned} x\Gamma(x) &= \lim_{N\to\infty} \frac{N!}{(x+1)\cdot \ldots \cdot (x+N)} N^x \\ &= \lim_{N\to\infty} \frac{e^{x\log N}}{(1+\frac{x}{1})\cdot \ldots \cdot (1+\frac{1}{N})} \\ &= \lim_{N\to\infty} \left(\prod_{n=1}^{N} \frac{e^{x/n}}{1+\frac{x}{n}} \right) e^{x\log N - \sum_{n=1}^{N} \frac{x}{n}}. \end{aligned}$$

Da $x\log N - \sum_{n=1}^{N} \frac{x}{n}$ für $N \to \infty$ gegen $-xC$, (C Euler–Mascheronische Konstante), konvergiert, konvergiert auch das unendliche Produkt und man erhält

$$x\Gamma(x) = e^{-Cx} \prod_{n=1}^{\infty} \frac{e^{x/n}}{1+\frac{x}{n}},$$

woraus die Behauptung folgt.

Aufgabe 20 D. Wir verwenden die Stirlingsche Formel $n! \sim \sqrt{2\pi n}(\frac{n}{e})^n$. Damit ergibt sich

$$\frac{1}{2^{2n}}\binom{2n}{n} = \frac{(2n)!}{2^{2n}n!n!} \sim \frac{\sqrt{4\pi n}}{2^{2n}\sqrt{2\pi n}\sqrt{2\pi n}} \left(\frac{2n}{e}\right)^{2n} \left(\frac{e}{n}\right)^{2n} \sim \frac{1}{\sqrt{\pi n}}.$$

Aufgabe 20 E. Falls $x \geq 1$ und $y \geq 1$, ist der Integrand stetig, also nichts zu beweisen. Die Integrationsgrenze 0 wird kritisch, falls $0 < x < 1$, die Integrationsgrenze 1, falls $0 < y < 1$.

Wir behandeln nur die untere Integrationsgrenze. Der andere Fall ist analog. Es ist also zu zeigen, dass der Limes

$$\lim_{\varepsilon \searrow 0} \int_{\varepsilon}^{1/2} t^{x-1}(1-t)^{y-1}\,dt$$

für $x \in]0,1[$ existiert. Da die Funktion $t \longmapsto (1-t)^{y-1}$ im abgeschlossenen Intervall $[0, \frac{1}{2}]$ stetig ist, ist sie dort beschränkt. Wir haben also eine Abschätzung

$$|t^{x-1}(1-t)^{y-1}| \le Kt^{x-1}$$

mit einer Konstanten $K \in \mathbb{R}_+$. Da das uneigentliche Integral

$$\int_0^{1/2} t^{x-1}\,dt$$

für $x > 0$ konvergiert, siehe An. 1, Beispiel (20.2), folgt die Behauptung.

§ 21 Gleichmäßige Konvergenz von Funktionenfolgen

Aufgabe 21 A. Zunächst berechnen wir die Integrale

$$\int_0^\infty f_n(x)\,dx = \int_0^\infty \frac{x}{n^2}e^{-x/n}\,dx = \lim_{R\to\infty} \int_0^R \frac{x}{n^2}e^{-x/n}\,dx.$$

Mit der Substitution $t = \frac{x}{n}$ wird

$$\int_0^R \frac{x}{n^2}e^{-x/n}\,dx = \int_0^{R/n} te^{-t}\,dt,$$

also

$$\int_0^\infty f_n(x)\,dx = \lim_{R\to\infty} \int_0^{R/n} te^{-t}\,dt = \int_0^\infty te^{-t}\,dt = \Gamma(2) = 1$$

für alle $n \geq 1$. Wir zeigen jetzt die gleichmäßige Konvergenz der Folge (f_n) gegen 0. Dazu berechnen wir zunächst die Ableitung von f_n.

$$f_n'(x) = \frac{1}{n^2} e^{-x/n} \left(1 - \frac{x}{n}\right).$$

Daraus sieht man, dass f_n im Intervall $[0, n]$ monoton wächst und im Intervall $[n, \infty[$ monoton fällt. Sie nimmt also für $x = n$ ihr absolutes Maximum an, und es gilt

$$0 \leq f_n(x) \leq f_n(n) = \frac{1}{en}$$

für alle $x \in \mathbb{R}_+$ und alle $n \geq 1$. Daraus folgt die gleichmäßige Konvergenz der Funktionenfolge (f_n) gegen 0.

Aufgabe 21 B. Wir behandeln hier nur die Reihe

$$f(x) := \sum_{n=1}^{\infty} \frac{\sin nx}{n^3}.$$

Da f periodisch ist, können wir uns auf das Intervall $0 \leq x \leq 2\pi$ beschränken. Formales Differenzieren ergibt

$$f'(x) = \sum_{n=1}^{\infty} \frac{\cos nx}{n^2}.$$

Da $\sum_{n=1}^{\infty} \frac{1}{n^2} < \infty$, konvergiert die Reihe gleichmäßig, stellt also nach An. 1, §21, Satz 5, tatsächlich die Ableitung von f dar. Nach An. 1, Beispiel (21.8) ist aber

$$\sum_{n=1}^{\infty} \frac{\cos nx}{n^2} = \left(\frac{x-\pi}{2}\right)^2 - \frac{\pi^2}{12} \quad \text{für } 0 \leq x \leq 2\pi.$$

Durch seine Ableitung ist f bis auf eine Konstante eindeutig bestimmt; es folgt

$$f(x) = \frac{1}{12}(x-\pi)^3 - \frac{\pi^2}{12}x + \text{const}.$$

Da $f(0) = 0$, ergibt sich $\text{const} = \pi^3/12$, d.h.

$$\begin{aligned} f(x) &= \frac{1}{12}(x-\pi)^3 - \frac{\pi^2}{12}x + \frac{\pi^3}{12} \\ &= \frac{1}{12}\left((x-\pi)^3 - \pi^2(x-\pi)\right) = \frac{1}{12}x(x-\pi)(x-2\pi). \end{aligned}$$

Wir haben also

$$\sum_{n=1}^{\infty} \frac{\sin nx}{n^3} = \frac{x(x-\pi)(x-2\pi)}{12} \quad \text{für } 0 \le x \le 2\pi.$$

Daraus ergibt sich z.B. für $x = \frac{\pi}{2}$ die interessante Formel

$$\sum_{k=0}^{\infty} \frac{(-1)^k}{(2k+1)^3} = \frac{\pi^3}{32}.$$

Aufgabe 21 D. Sei $\varepsilon > 0$ vorgegeben. Wegen der Monotonie ist nur zu zeigen, dass es ein $N \in \mathbb{N}$ gibt, so dass $f_N(x) < \varepsilon$ für alle $x \in [a,b]$.

Angenommen, es gibt kein solches N. Dann gibt es zu jedem $n \in \mathbb{N}$ ein $x_n \in [a,b]$, so dass $f_n(x_n) \ge \varepsilon$. Nach dem Satz von Bolzano–Weierstraß (An. 1, §5, Satz 4) besitzt die Folge (x_n) eine konvergente Teilfolge (x_{n_k}), die gegen einen Punkt $c \in [a,b]$ konvergiert. Wegen $\lim f_n(c) = 0$ gibt es einen Index m, so dass $f_m(c) < \varepsilon$. Da f_m stetig ist, gibt es ein $\delta > 0$ mit

$$f_m(x) < \varepsilon \quad \text{für alle } x \in [a,b] \text{ mit } |x-c| < \delta.$$

Wegen $f_n \ge f_{n+1}$ gilt dieselbe Abschätzung auch für alle Funktionen f_n mit $n \ge m$. Da $\lim x_{n_k} = c$, ist $|x_{n_k} - c| < \delta$ für alle $k \ge k_0$, also $f_{n_k}(x_{n_k}) < \varepsilon$ für $k \ge k_0$ und $n_k \ge m$. Dies steht aber im Widerspruch zu $f_{n_k}(x_{n_k}) \ge \varepsilon$. Also ist die Annahme falsch und die Behauptung bewiesen.

§ 22 Taylor–Reihen

Aufgabe 22 A. Wir machen folgende Umformung:

$$x^\alpha = (a + (x-a))^\alpha = a^\alpha \left(1 + \frac{x-a}{a}\right)^\alpha.$$

Falls $|\frac{x-a}{a}| < 1$, d.h. $|x-a| < a$, können wir $(1 + \frac{x-a}{a})^\alpha$ mittels der Binomischen Reihe entwickeln und erhalten

$$x^\alpha = a^\alpha \sum_{n=0}^{\infty} \binom{\alpha}{n} \frac{(x-a)^n}{a^n} = \sum_{n=0}^{\infty} \binom{\alpha}{n} a^{\alpha-n}(x-a)^n$$

für $|x-a| < a$.

Aufgabe 22 C. Man kann die gesuchten Anfangsglieder der Taylorreihe durch wiederholtes Differenzieren der Funktion f berechnen. Wir wählen hier eine andere Möglichkeit. Die gegebene Funktion ist das Produkt zweier Funktionen mit bekannter Taylor-Entwicklung, $f(x) = g(x)h(x)$, wobei

$$g(x) := \frac{1}{2+x} = \frac{1}{2} \cdot \frac{1}{1+\frac{x}{2}} = \frac{1}{2}\sum_{n=0}^{\infty}(-1)^n\left(\frac{x}{2}\right)^n$$

und

$$h(x) := \sin x = \sum_{k=0}^{\infty}(-1)^k\frac{x^{2k+1}}{(2k+1)!}.$$

Die Taylor-Entwicklung von f ergibt sich als Cauchy-Produkt dieser beiden Potenzreihen,

$$f(x) = \sum_{n=0}^{\infty} c_n x^n, \quad \text{mit} \quad c_n = \sum_{k+\ell=n} a_k b_\ell,$$

wobei

$$a_k = \frac{(-1)^k}{2^{k+1}} \quad \text{und} \quad b_\ell = \begin{cases} 0, & \text{falls } \ell \text{ gerade} \\ (-1)^{(\ell-1)/2} \cdot \frac{1}{\ell!}, & \text{falls } \ell \text{ ungerade.} \end{cases}$$

Damit erhalten wir $c_0 = 0$ und

$$\begin{aligned} c_1 &= a_0 b_1 = \frac{1}{2}, \\ c_2 &= a_1 b_1 = -\frac{1}{4}, \\ c_3 &= a_0 b_3 + a_2 b_1 = -\frac{1}{12} + \frac{1}{8} = \frac{1}{24}, \\ c_4 &= a_1 b_3 + a_3 b_1 = \frac{1}{24} - \frac{1}{16} = -\frac{1}{48}, \\ c_5 &= a_0 b_5 + a_2 b_3 + a_4 b_1 = \frac{1}{240} - \frac{1}{48} + \frac{1}{32} = \frac{7}{480}. \end{aligned}$$

Der Anfang der Taylor-Reihe der Funktion f lautet also

$$f(x) = \frac{x}{2} - \frac{x^2}{4} + \frac{x^3}{24} - \frac{x^4}{48} + \frac{7x^5}{480} + R_6(x).$$

Aufgabe 22 E. Nach An. 1, §22, Satz 1, ist der exakte Wert des Restglieds

$$R_{n+1}(x) = \frac{1}{n!}\int_a^x (x-t)^n f^{(n+1)}(t)\,dt.$$

Wir schreiben dies in der Form

$$R_{n+1}(x) = \frac{1}{n!}\int_a^x (x-t)^{n-p+1} f^{(n+1)}(t)(x-t)^{p-1}\,dt.$$

und wenden darauf den Mittelwertsatz der Integralrechnung (An. 1, §18, Satz 8) an. Für die in diesem Satz vorkommende Gewichtsfunktion φ wählen wir

$$\varphi(x) = (x-t)^{p-1}.$$

Dies ist zulässig, da φ im ganzen Integrations–Intervall entweder stets ≥ 0 oder stets ≤ 0 ist. Wir erhalten eine Zwischenstelle $\xi \in [a,x]$ bzw. $\xi \in [x,a]$ mit

$$\begin{aligned} R_{n+1}(x) &= \frac{1}{n!}(x-\xi)^{n-p+1} f^{(n+1)}(\xi)\int_a^x (x-t)^{p-1}\,dt \\ &= \frac{f^{(n+1)}(\xi)}{n!p}(x-\xi)^{n-p-1}(x-a)^p. \end{aligned}$$

Aufgabe 22 G. Sei

$$\alpha := \arctan x, \quad \beta := \arctan y \quad \text{und} \quad \gamma := \alpha+\beta.$$

Es gilt $|\alpha| < \pi/2$, $|\beta| < \pi/2$ und nach Voraussetzung $|\gamma| < \pi/2$. Division der Additions–Theoreme für die Funktionen Sinus und Cosinus

$$\begin{aligned} \sin\gamma &= \sin\alpha\cos\beta + \cos\alpha\sin\beta, \\ \cos\gamma &= \cos\alpha\cos\beta - \sin\alpha\sin\beta \end{aligned}$$

liefert

$$\tan\gamma = \frac{\tan\alpha + \tan\beta}{1-\tan\alpha\tan\beta} = \frac{x+y}{1-xy}.$$

Da wegen $|\gamma| < \pi/2$ gilt $\arctan(\tan\gamma) = \gamma$, erhält man

$$\gamma = \arctan x + \arctan y = \arctan\frac{x+y}{1-xy}.$$

Anwendung dieser Formel auf $x = y = \frac{1}{5}$ ergibt

$$2\arctan\frac{1}{5} = \arctan\frac{2/5}{1-1/25} = \arctan\frac{2/5}{24/25} = \arctan\frac{5}{12}$$

und

$$4\arctan\frac{1}{5} = 2\arctan\frac{5}{12} = \arctan\frac{10/12}{1-25/144} = \arctan\frac{120}{119}.$$

In beiden Fällen ist die Anwendung des Additions–Theorems für den arctan zulässig, da

$$\arctan\frac{1}{5} < \arctan\frac{5}{12} < \arctan 1 = \frac{\pi}{4}.$$

Andrerseits ist

$$\frac{\pi}{4} + \arctan\frac{1}{239} = \arctan 1 + \arctan\frac{1}{239} = \arctan\frac{1+1/239}{1-1/239} = \arctan\frac{120}{119}.$$

Daraus folgt die Machinsche Formel, also mit der Reihen–Entwicklung der Arcus–Tangens–Funktion

$$\pi = \frac{16}{5}\sum_{k=0}^{\infty}\frac{(-1)^k}{2k+1}\left(\frac{1}{5}\right)^{2k} - \frac{4}{239}\sum_{k=0}^{\infty}\frac{(-1)^k}{2k+1}\left(\frac{1}{239}\right)^{2k}.$$

Um damit π mit einer Genauigkeit von 10^{-12} zu berechnen, genügt es, jeden der beiden Teile mit einem Fehler $\le 5\cdot 10^{-13}$ zu berechnen. Da die Reihe $\sum\frac{(-1)^k}{2k+1}x^{2k}$ für $0 < x < 1$ alternierend ist und die Absolutbeträge der Reihenglieder streng monoton gegen 0 konvergieren, ist der Fehler bei Abbruch der Reihe immer kleiner als das erste weggelassene Glied. Nun ist

$$\frac{1}{19}\left(\frac{1}{5}\right)^{18} < 2\cdot 10^{-14},$$

$$\frac{1}{7}\left(\frac{1}{239}\right)^{6} < 8\cdot 10^{-16},$$

also

$$\pi = \frac{16}{5}\sum_{k=0}^{8}\frac{(-1)^k}{2k+1}\left(\frac{1}{5}\right)^{2k} - \frac{4}{239}\sum_{k=0}^{2}\frac{(-1)^k}{2k+1}\left(\frac{1}{239}\right)^{2k} + R$$

mit

$$|R| < \frac{16}{5}\cdot 2\cdot 10^{-14} + \frac{4}{239}\cdot 8\cdot 10^{-16} < 7\cdot 10^{-14}.$$

Um also π mit einer Genauigkeit von 10^{-12} zu erhalten, braucht man nur die obigen 12 Reihenglieder mit einem Gesamtfehler $\le 0.9\cdot 10^{-12}$ zu berechnen.

§ 23 Fourier–Reihen

Aufgabe 23 B. Die Fourier–Koeffizienten der Funktion f sind

$$c_n = \frac{1}{2\pi}\int_0^{2\pi} |\sin x| e^{-inx}\,dx.$$

Da $e^{-in(x-\pi)} = (-1)^n e^{-inx}$, folgt $c_n = 0$ für ungerades n und

$$\begin{aligned}
c_{2k} &= \frac{1}{\pi}\int_0^{\pi} \sin x e^{-2kix}\,dx \\
&= \frac{1}{2\pi i}\int_0^{\pi} (e^{ix} - e^{-ix})e^{-2kix}\,dx \\
&= \frac{1}{2\pi i}\int_0^{\pi} e^{-i(2k-1)x}\,dx - \frac{1}{2\pi i}\int_0^{\pi} e^{-i(2k+1)x}\,dx \\
&= \frac{1}{2\pi i}\left(\frac{1}{-i(2k-1)}e^{-i(2k-1)x}\Big|_0^{\pi} - \frac{1}{-i(2k+1)}e^{-i(2k+1)x}\Big|_0^{\pi}\right) \\
&= \frac{1}{2\pi}\left(-\frac{2}{2k-1} + \frac{2}{2k+1}\right) \\
&= -\frac{1}{2\pi}\cdot\frac{4}{4k^2-1} = -\frac{1}{2\pi}\cdot\frac{1}{k^2-\frac{1}{4}}.
\end{aligned}$$

Die Fourier–Reihe konvergiert gleichmäßig gegen f, da die Funktion stetig und stückweise stetig differenzierbar ist. Zusammenfassend erhalten wir

$$|\sin x| = -\frac{1}{2\pi}\sum_{k=-\infty}^{\infty}\frac{e^{2kix}}{k^2-\frac{1}{4}} = \frac{1}{\pi}\left(2 - \sum_{k=1}^{\infty}\frac{\cos 2kx}{k^2-\frac{1}{4}}\right).$$

Bemerkung. Die Tatsache, dass nur Fourier–Koeffizienten mit geradem Index auftauchen, folgt auch daraus, dass die Funktion $f(x) = |\sin x|$ bereits die Periode π hat. Da f eine gerade Funktion ist, ist die Fourier-Reihe eine reine Cosinus-Reihe, siehe Aufgabe 23 C.

Aufgabe 23 F. Wir benutzen das Ergebnis der Aufgabe 21 B:

$$\sum_{k=1}^{\infty}\frac{\sin kx}{k^3} = \frac{1}{2i}\sum_{k=1}^{\infty}\frac{e^{ikx} - e^{-ikx}}{k^3} = \frac{1}{12}x(x-\pi)(x-2\pi).$$

Die Vollständigkeits–Relation liefert

$$\frac{1}{2}\sum_{k=1}^{\infty}\frac{1}{k^6}=\frac{1}{2\pi}\cdot\frac{1}{144}\int_0^{2\pi}x^2(x-\pi)^2(x-2\pi)^2\,dx.$$

Um das Integral auszuwerten, machen wir die Substitution $x'=x-\pi$ (und ersetzen anschließend wieder x' durch x). Wir erhalten

$$\begin{aligned}\int_0^{2\pi}x^2(x-\pi)^2(x-2\pi)^2\,dx &= \int_{-\pi}^{\pi}(x+\pi)^2x^2(x-\pi)^2\,dx\\ &= 2\int_0^{\pi}x^2(x^2-\pi^2)^2\,dx\\ &= 2\int_0^{\pi}(x^6-2\pi^2x^4+\pi^4x^2)\,dx\\ &= 2\left(\frac{\pi^7}{7}-\frac{2\pi^7}{5}+\frac{\pi^7}{3}\right)=\frac{16}{105}\cdot\pi^7.\end{aligned}$$

Setzen wir dies oben ein, so ergibt sich

$$\sum_{k=1}^{\infty}\frac{1}{k^6}=\frac{1}{\pi}\cdot\frac{1}{144}\cdot\frac{16}{105}\cdot\pi^7=\frac{\pi^6}{945}.$$

Bemerkung. Diese Formel ist ein Spezialfall der allgemeinen sich in Aufgabe 23 I d) ergebenden Formel.

Aufgabe 23 G. Für den Fourier–Koeffizienten c_0 von f erhält man

$$c_0=\frac{1}{2\pi}\int_0^{2\pi}x\,dx=\pi.$$

Zur Berechnung der Fourier–Koeffizienten c_n mit $n\neq 0$ verwenden wir partielle Integration:

$$2\pi c_n=\int_0^{2\pi}xe^{-inx}\,dx=\frac{1}{-in}e^{-inx}x\Big|_0^{2\pi}+\frac{1}{in}\int_0^{2\pi}e^{-inx}\,dx=-\frac{2\pi}{in}.$$

Somit lautet die Fourier–Reihe von f

$$\sum_{n=-\infty}^{\infty} c_n e^{inx} = \pi - \sum_{n=1}^{\infty} \frac{e^{inx} - e^{-inx}}{in} = \pi - 2\sum_{n=1}^{\infty} \frac{\sin nx}{n}.$$

Nach An. 1, Beispiel (21.2) konvergiert die Reihe $\sum_{n=1}^{\infty} \frac{\sin nx}{n}$ auf jedem Intervall $[\varepsilon, 2\pi - \varepsilon]$, $\varepsilon > 0$, gleichmäßig gegen $\frac{\pi - x}{2}$, also konvergiert die Fourier–Reihe von f dort gleichmäßig gegen f.

Bemerkung. Setzt man $x = \frac{\pi}{2}$, so erhält man die Leibnizsche Reihe

$$\frac{\pi}{4} = \sum_{k=0}^{\infty} \frac{(-1)^k}{2k+1}.$$

Aufgabe 23 H. Wir zerlegen die Funktion f als $f = f_1 - f_2$ mit

$$f_1(x) = e^{iax} \quad \text{und} \quad f_2(x) = \frac{e^{2\pi ia} - 1}{2\pi} x \quad \text{für } 0 \le x < 2\pi.$$

Da $\lim_{x \nearrow 2\pi} f(x) = 1 = f(0)$, ist die Funktion f stetig und stückweise stetig differenzierbar, also konvergiert die Fourier–Reihe gleichmäßig gegen f. Seien a_n die Fourier–Koeffizienten von f_1 und b_n die Fourier–Koeffizienten von f_2. Die a_n sind leicht zu berechnen:

$$a_n = \frac{1}{2\pi} \int_0^{2\pi} e^{iax} e^{-inx}\, dx = \frac{1}{2\pi} \cdot \frac{1}{i(a-n)} e^{i(a-n)x} \Big|_0^{2\pi} = \frac{1}{2\pi} \cdot \frac{e^{2\pi ia} - 1}{i(a-n)}.$$

Die Fourier–Koeffizienten b_n entnehmen wir der Aufgabe 23 G.

$$b_0 = \frac{e^{2\pi ia} - 1}{2},$$

$$b_n = -\frac{1}{2\pi} \cdot \frac{e^{2\pi ia} - 1}{in} \quad \text{für } n \ne 0.$$

Damit erhalten wir

$$f(x) = (e^{2\pi ia} - 1)\left(\frac{1}{2\pi ia} - \frac{1}{2}\right) + \frac{e^{2\pi ia} - 1}{2\pi i} \sum_{n \in \mathbb{Z} \setminus \{0\}} \left(\frac{1}{a-n} + \frac{1}{n}\right) e^{inx}.$$

Setzen wir hierin $x = 0$, so ergibt sich

$$\frac{2\pi i}{e^{2\pi i a} - 1} = \frac{1}{a} - \pi i + \sum_{n=1}^{\infty} \left(\frac{1}{a-n} + \frac{1}{a+n} \right). \tag{1}$$

Man beachte, dass $e^{2\pi i a} \neq 1$, da nach Voraussetzung $a \notin \mathbb{Z}$. Nun ist

$$\pi \cot \pi a = \pi \frac{\cos \pi a}{\sin \pi a} = \pi i \frac{e^{\pi i a} + e^{-\pi i a}}{e^{\pi i a} - e^{-\pi i a}} = \pi i \frac{e^{2\pi i a} + 1}{e^{2\pi i a} - 1} = \frac{2\pi i}{e^{2\pi i a} - 1} + \pi i.$$

Setzt man dies in (1) ein, ergibt sich (wenn man wieder x für a schreibt)

$$\pi \cot \pi x = \frac{1}{x} + \sum_{n=1}^{\infty} \left(\frac{1}{x-n} + \frac{1}{x+n} \right) = \frac{1}{x} + \sum_{n=1}^{\infty} \frac{2x}{x^2 - n^2}$$

für alle $x \in \mathbb{R} \setminus \mathbb{Z}$.

Aufgabe 23 I.

a) Durch die Bedingung ii) ist β_n durch β_{n-1} bis auf eine additive Konstante eindeutig bestimmt. Diese Konstante wird durch die Bedingung iii) festgelegt. Da $\beta_0(x) = 1$ vorgegeben ist, sind somit alle Polynome β_n eindeutig bestimmt.

b) 1) Wegen $\beta_1'(x) = \beta_0(x) = 1$ ist

$$\beta_1(x) = x + c_1.$$

Anwendung der Bedingung a iii) ergibt

$$0 = \int_0^1 (x + c_1) dx = \tfrac{1}{2} + c_1 \quad \Longrightarrow \quad c_1 = -\tfrac{1}{2},$$

also $\beta_1(x) = x - \frac{1}{2}$.

2) Aus $\beta_2'(x) = \beta_1(x)$ folgt

$$\beta_2(x) = \frac{x^2}{2} - \frac{x}{2} + c_2.$$

Berechnung von c_2:

$$0 = \int_0^1 \left(\frac{x^2}{2} - \frac{x}{2} + c_2 \right) dx = \frac{1}{6} - \frac{1}{4} + c_2 \quad \Longrightarrow \quad c_2 = \frac{1}{4} - \frac{1}{6} = \frac{1}{12}.$$

3) Integration von β_2 ergibt

$$\beta_3(x) = \frac{x^3}{6} - \frac{x^2}{4} + \frac{x}{12} + c_3$$

Berechnung von c_3:

$$0 = \int_0^1 \left(\frac{x^3}{6} - \frac{x^2}{4} + \frac{x}{12} + c_3\right) dx = \frac{1}{24} - \frac{1}{12} + \frac{1}{24} + c_3.$$

Man erhält $c_3 = 0$.

4) Integration von β_3 ergibt

$$\beta_4(x) = \frac{x^4}{24} - \frac{x^3}{12} + \frac{x^2}{24} + c_4.$$

Berechnung von c_4:

$$0 = \int_0^1 \left(\frac{x^4}{24} - \frac{x^3}{12} + \frac{x^2}{24} + c_4\right) dx = \frac{1}{120} - \frac{1}{48} + \frac{1}{72} + c_4,$$

also

$$c_4 = \frac{1}{48} - \frac{1}{120} - \frac{1}{72} = -\frac{1}{720}.$$

5) Im selben Stil fortfahrend erhält man

$$\beta_5(x) = \frac{x^5}{120} - \frac{x^4}{48} + \frac{x^3}{72} - \frac{x}{720}$$

und

$$\beta_6(x) = \frac{x^6}{720} - \frac{x^5}{240} + \frac{x^4}{288} - \frac{x^2}{1440} + \frac{1}{30240}$$

Daraus ergeben sich die Bernoulli-Polynome $B_n(x) = n!\beta_n(x)$.

$$\begin{aligned}
B_0(x) &= 1, \\
B_1(x) &= x - \frac{1}{2}, \\
B_2(x) &= x^2 - x + \frac{1}{6}, \\
B_3(x) &= x^3 - \frac{2x^2}{3} + \frac{x}{2},
\end{aligned}$$

$$B_4(x) = x^4 - \frac{x^3}{2} + x^2 - \frac{1}{30},$$
$$B_5(x) = x^5 - \frac{5x^4}{2} + \frac{5x^3}{3} - \frac{x}{6},$$
$$B_6(x) = x^6 - 3x^5 + \frac{5x^4}{2} - \frac{x^2}{2} + \frac{1}{42}.$$

Die konstanten Koeffizienten dieser Polynome sind die Bernoulli-Zahlen. Die folgende Tabelle enthält die Bernoulli-Zahlen bis zum Index 12.

n	0	1	2	3	4	5	6	7	8	9	10	11	12
B_n	1	$-\frac{1}{2}$	$\frac{1}{6}$	0	$-\frac{1}{30}$	0	$\frac{1}{42}$	0	$-\frac{1}{30}$	0	$\frac{5}{66}$	0	$-\frac{691}{2730}$

Es fällt auf, dass ab B_3 die Bernoulli-Zahlen mit ungeradem Index verschwinden. Dies folgt allgemein aus der Formel von Teil c) für $\beta_{2k+1}(x)$, wenn man $x = 0$ setzt.

c) Wir bezeichnen mit $b_m(x)$ die Reihen auf der rechten Seite und müssen dann $\beta_m(x) = b_m(x)$ für $0 < x < 1$ (bzw. $0 \le x \le 1$, falls $m \ge 2$) beweisen. Insbesondere ist

$$b_1(x) = -2\sum_{n=1}^{\infty} \frac{\sin(2\pi nx)}{2\pi n}.$$

In An. 1, Beispiel (19.23), wurde bewiesen

$$\frac{\pi - x}{2} = \sum_{n=1}^{\infty} \frac{\sin nx}{n} \quad \text{für } 0 < x < 2\pi.$$

Substituiert man hierin $x = 2\pi\xi$, ergibt sich

$$\pi\left(\tfrac{1}{2} - \xi\right) = \sum_{n=1}^{\infty} \frac{\sin(2\pi n\xi)}{n} \quad \text{für } 0 < \xi < 1.$$

Daraus folgt $b_1(\xi) = \xi - \frac{1}{2} = \beta_1(\xi)$ für $0 < \xi < 1$.

Die Reihen $b_m(x)$ konvergieren für alle $m \ge 2$ gleichmäßig auf $\mathbb{R}$, die Reihe $b_1(x)$ konvergiert nach An. 1, Beispiel (21.2), auf jedem Intervall $[\delta, 1-\delta]$, $0 < \delta < \frac{1}{2}$, gleichmäßig. Da die formale Ableitung von $b_m(x)$ gleich $b_{m-1}(x)$ ist, folgt aus An. 1, §21, Satz 5, dass alle Funktionen b_m, $m \ge 2$, auf dem Intervall $]0,1[$ differenzierbar sind mit $b'_m(x) = b_{m-1}(x)$.

Außerdem kann man wegen der gleichmäßigen Konvergenz die Reihen gliedweise integrieren und erhält

$$\int_0^1 b_m(x)dx = 0 \quad \text{für alle } m \geq 2.$$

Aus der eindeutigen Charakterisierung der Funktionen β_m in a) folgt nun

$$b_m(x) = \beta_m(x) \quad \text{für alle } 0 < x < 1 \text{ und } m \geq 1.$$

Falls $m \geq 2$, gilt wegen der Stetigkeit von β_m und b_m die Gleichung $b_m(x) = \beta_m(x)$ sogar für alle $x \in [0,1]$.

d) Setzt man in der Gleichung

$$\beta_{2k}(x) = (-1)^{k+1} 2 \sum_{n=1}^{\infty} \frac{\cos(2\pi nx)}{(2\pi n)^{2k}}, \quad 0 \leq x \leq 1,$$

das Argument $x = 0$, erhält man

$$(2k)! B_{2k} = (-1)^{k+1} 2 \sum_{n=1}^{\infty} \frac{1}{(2\pi n)^{2k}},$$

also

$$\sum_{n=1}^{\infty} \frac{1}{n^{2k}} = (-1)^{k+1} \frac{(2\pi)^{2k}}{2(2k)!} B_{2k} \quad \text{für alle } k \geq 1.$$

vieweg

Mathematik als Teil der Kultur

Martin Aigner, Ehrhard Behrends (Hrsg.)

Alles Mathematik

Von Pythagoras zum CD-Player

2., erw. Aufl. 2002. VIII, 342 S. Br. € 24,90 ISBN 3-528-13131-4

An der Berliner Urania, der traditionsreichen Bildungsstätte mit einer großen Breite von Themen für ein interessiertes allgemeines Publikum, gibt es seit einiger Zeit auch Vorträge, in denen die Bedeutung der Mathematik in Technik, Kunst, Philosophie und im Alltagsleben dargestellt wird. Im vorliegenden Buch ist eine Auswahl dieser Urania-Vorträge dokumentiert, die mit den gängigen Vorurteilen „Mathematik ist zu schwer, zu trocken, zu abstrakt, zu abgehoben" aufräumen.

Denn Mathematik ist überall in den Anwendungen gefragt, weil sie das oft einzige Mittel ist, praktische Probleme zu analysieren und zu verstehen. Vom CD-Player zur Börse, von der Computertomographie zur Verkehrsplanung, alles ist (auch) Mathematik.

Es ist die Hoffnung der Herausgeber, dass zwei wesentliche Aspekte der Mathematik deutlich werden: Einmal ist sie die reinste Wissenschaft - Denken als Kunst -, und andererseits ist sie durch eine Vielzahl von Anwendungen in allen Lebensbereichen gegenwärtig.

Die 2. Auflage enthält drei neue Beiträge zu aktuellen Themen (Intelligente Materialien, Diskrete Tomographie und Spieltheorie) und mehr farbige Abbildungen.